涌现 CHEERS

与最聪明的人共同进化

HERE COMES EVERYBODY

生命的
法则

[美] 肖恩·B. 卡罗尔 著
Sean B. Carroll

The
Serengeti
Rules

贾晶晶 译

浙江教育出版社·杭州

SEAN B. CARROLL

肖恩·B. 卡罗尔

美国国家科学院院士、美国艺术与科学院院士

富兰克林生命科学奖获得者、威斯康星大学分子生物学和遗传学教授

威斯康星大学分子生物学和遗传学教授

1960 年，肖恩·B. 卡罗尔出生于美国俄亥俄州托莱多。他很小的时候就喜欢翻动石头去寻找蛇的踪迹，10 多岁就开始养蛇。这些童年时期的活动，让卡罗尔注意到了蛇身上的图案，并且想知道这些图案是如何形成的。

卡罗尔在圣路易斯华盛顿大学获得生物学学士学位，在塔夫茨大学获得免疫学博士学位，并在科罗拉多大学波尔多分校做博士后研究工作。1987 年，卡罗尔在威斯康星大学麦迪逊分校建立了实验室，专门研究基因如何以各种各样的方式使生物产生了我们所看到的多样性。

卡罗尔目前是威斯康星大学分子生物学和遗传学教授。他带领的研究团队以果蝇作为模式动物，发表了一系列论文，解释了果蝇基因在胚胎期的激活机制及其如何控制翅膀的发育，并一直在寻找蝴蝶身上的对应基因。

2009 年 9 月至 2013 年 3 月，他持续为《纽约时报》撰写"非凡的生物"（Remarkable Creatures）专栏文章，介绍动物进化研究中的一些新发现。

霍华德·休斯医学研究所副所长兼制片人

2010 年，卡罗尔被任命为霍华德·休斯医学研究所副所长。2011 年，霍华德·休斯医学研究所发布了将耗资 6 000 万美元的"科学电影拍摄计划"，致力于把关于科学和科学家的故事讲给普通观众和课堂里的学生听。卡罗尔是这一计划的总设计师。

为了纪念《物种起源》出版 150 周年和达尔文诞辰 200 周年，卡罗尔曾根据自己的《无尽之形最美》（*Endless Forms Most Beautiful*）和《造就适者》（*The Making of the Fittest*）两部著作，拍摄了纪录片《达尔文所不知道的事》（*What Darwin Never Knew*），探讨了进化科学的最新发展。

为了向大众普及科学知识，霍华德·休斯医学研究所成立了自己的制片公司 Tangled Bank Studios，卡罗尔是执行制片人。2014 年，卡罗尔根据尼尔·舒宾的名作《你是怎么来的》（*Your Inner Fish*），拍摄了三集同名科学影片。2017 年，他拍摄了纪录片《亚马孙冒险》（*Amazon Adventure*）。

卡罗尔的工作给成千上万在校学生带来了福音，因为他的那些科学短片和教育素材都是免费的。

获奖无数的两院院士

卡罗尔不仅是美国国家科学院院士和美国艺术与科学院院士，他还是美国科学促进会会士。

1989年，他获得了大密尔沃基基金会（Greater Milwaukee Foundation）的"肖科学家奖"（Shaw Scientist Award）。

2010年，他获得了进化研究学会的史蒂芬·杰伊·古尔德奖。

2012年，卡罗尔获得了富兰克林生命科学奖。他提出并证明了：动物生命的多样性和多重性主要源于相同基因的不同调节方式，而非基因自身的突变。

2016年，卡罗尔获得了洛克菲勒大学的刘易斯·托马斯科学写作奖。

曾获得这一奖项的科学作家还有爱德华·威尔逊、奥利弗·萨克斯、贾雷德·戴蒙德和理查德·道金斯等。

肖恩·B. 卡罗尔
生命的故事系列

《生命的法则》
《进化的偶然》
《非凡的生物》
《无尽之形最美》

作者相关演讲洽谈，请联系
BD@cheerspublishing.com

更多相关资讯，请关注

湛庐文化微信订阅号

湛庐CHEERS 特别制作

如同凯文·凯利的《失控》可以译作《无为》（"无为而无不为"），这本《生命的法则》可以译为《天算》（大自然的"算法"）。可以把这本书看作是一位杰出的科学家写就的现代版《道德经》。

卡罗尔带着读者从分子生物学、遗传学和生态学的角度"一窥天机"，回答一个古老的"天问"：天地万物纷繁的表象背后，那个一以贯之的"大道"是什么？决定大肠杆菌和大象的生存和繁衍的"源代码"是什么？癌细胞和生态灾难是因为怎样的"逆天机制"而出现？为什么人算合于天算则昌，逆于天算则亡？

这本论证严密的书读起来让人时不时有按捺不住的激动和兴奋。它始于严肃的科普，终于玄妙的哲学，而且总是通过鲜活可信的案例和事实来展现"极高明而道中庸"的哲学，让人在充实的信息和知识中一次次体验智慧的快感。

吴伯凡

著名学者，商业思想家

这本书真是太棒了！能把生命的演化历程、生物学思想的前沿探索，讲述得如此清晰、流畅、透彻，卡罗尔的《生命的法则》堪称大师之作。

段永朝

苇草智酷创始合伙人，财讯传媒首席战略官

我一直觉得，物理学是建立在一系列物理定律上的科学体系，而生物学，其实只不过是生物和生命活动依循于物理学定律的延伸而已，因此生物学必然也依赖于物理学定律而存在。那么，自然界的生命，从微观的分子生物学尺度到宏观的生态学尺度，从大肠杆菌到大象，是不是如同物理世界一样，也遵循着一套类似的规则？博物学家出身的查尔斯·达尔文提出的进化论可能是最著名的一个例子。而免疫学博士出身的科学家肖恩·B·卡罗尔则从基因到细胞、从组织器官到个体、从群体到生态系统的各个层面进行了思考，提出了所谓的"塞伦盖蒂法则"。他认为从我们体内最小的分子，到非洲草原上的动植物数量，都受到同一个普遍规则的约束。这本书试图让我们用简单的逻辑去看周围纷繁复杂的自然界。

谢 灿

北京大学生命科学学院教授
动物磁感应受体基因和"生物指南针"发现者

《生命的法则》以优美的文笔、生动的故事深入浅出地讲述万物兴衰的奥秘，让我们更深刻地认识自然、了解生命、共建美好家园！

王传超

厦门大学人类学与民族学系教授，博士生导师

《生命的法则》是顶尖科学家卡罗尔的上乘之作！卡罗尔告诉我们：现代生物学不但对人类生命来说是至关重要的，对全球生态系统来说也具有十分重要的作用。

爱德华·威尔逊

"社会生物学之父"，两届普利策奖得主

《生命的法则》是一部史诗性巨作！

尼尔·舒宾

美国国家科学院院士，全美畅销书《人鱼化身》（*Your Inner Fish*）作者

卡罗尔的《生命的法则》让我们有机会一窥适用于地球上所有生命的生物学法则，是一部不可多得的原创性作品，处处可见不凡的写作功底，读起来真是妙趣横生！

悉达多·穆克吉

畅销书《基因传》《众病之王》作者

谨以此书

献给

自然界中的动物，

以及热爱着它们的人们。

如果有一天，我们的生存和命运，需要一盘象棋来决定，我只是说如果，那么，这盘象棋中所有的棋子，以及它们移动的规则，是否应该作为我们首要的技能来学习呢？其实，这是一件再简单不过的事情。然而，确实存在一种游戏，它与我们每一个人的生存、命运和快乐密切相关。它的复杂与困难程度，都远远地超过了整个象棋游戏。千百万年来，这种游戏一直以一种不为人知的形式延续着……这种游戏就是我们所称的"自然的法则"。

——托马斯·亨利·赫胥黎

大象和细菌受同一自然法则制约

乍一看，塞伦盖蒂草原成群的斑马和我们人体内的细胞毫不相干。但是，世间所有的生物不论体形大小，其背后都有一条隐含的逻辑，有一套调节生物数量的普遍规律。

这种让人耳目一新的理论是著名的生物学家肖恩·B·卡罗尔在他的新书《生命的法则》中提出的。美国知名科技博客 Gizmodo 最近就这一复杂理论约访了卡罗尔。

Gizmodo：您怎么会想到写这样一本书？您本来是和家人去坦桑尼亚的塞伦盖蒂草原旅游的。

卡罗尔：是的。那时就是否应该修一条贯穿塞伦盖蒂草原的柏油马路来发展坦桑尼亚西部旅游业的话题产生了激烈的争论。这里是世界自然遗产，是地球上迁徙动物群体最后的活动区之一，修公路会对此造成破坏。我想，我至少应该去看看，就带上家人一起去了。尽管之前我也看过介绍这个地方的文章，看过电视和电影里的画面，但当我到了那里时，仍然感到震惊。成群的动物在草原上漫步，其壮观的景象超出我的想象，那数量真是惊人。

眼前的景象让我陷入思考。我是在实验室里工作的，负责分析基因和研究动物胚胎的形成机制。望着塞伦盖蒂草原，我意识到自己根本不知道这一切是怎么形成的。很幸运，我找到了托尼·辛克莱写的一本书。他用了50年的时间研究塞伦盖蒂草原。他的书引导我了解了这个领域其他前沿研究者的理论，动物群体规模为什么会大小不一？这背后有什么机制？对我们的未来又意味着什么？

Gizmodo：那么，究竟什么是"塞伦盖蒂法则"呢？

卡罗尔：这是可以解释任何一个特定区域生物数量的普遍法则，它研究生物之间的相互作用，即食肉动物、食草动物、植物之间的相互作用。"塞伦盖蒂法则"可以解释"数量金字塔"：为什么一个地方只有1只老虎、50只鹿，却有1万只老鼠和4万棵树？从植物到以植物为食的动物，再到以这些动物为食的其他动物，数量总是不断减少。我把它称为"塞伦盖蒂法则"。但这只是随便起的名字，因为这也可以被称为"艾伦湖法则"或"蒙特雷湾法则"。

Gizmodo：您书中有句话让我颇有感触，"影响大肠杆菌的规则同样影响着大象"。这些规则适用于不同大小的生物，真是奇妙。

卡罗尔：虽然作用机制不同，但道理是一样的。这是对两个极端的缓冲：不要太多，也不要太少。在细胞内部，这种机制如同温度调节器。当一种酶开始起作用，制造出产物时，这种产物就会反作用于酶，使其停止作用。但这样一来，产物浓度就会降低，因为酶停止了工作。产物浓度降低会刺激酶重新开始工作。

在塞伦盖蒂草原上不起眼的小池塘或季节性的水洼里，同样的事情也在上演：当某些物种数量增多时，单个生物体占有的资源就会减少，数量增加的速度就会减缓。随着数量增加的减缓，单个生物体占有的资源又会增加，数量又会增多。我在实验室的细胞实验中见过无数次这种"繁荣—衰退—繁荣"的循环模式。现在，当我看到成群的角马、水牛或大象时，我觉得自己早就见过这种模式。这就是反作用。

Gizmodo：有没有同行对你提出的这种生命的普遍规律发起反击？

卡罗尔：欢迎质疑！我本以为生态学家会反驳我的理论，认为我将生态学过度简单化了。但是他们出人意料地支持了这种观点。一本书不可能涵盖所有的观点，我们一直尽最大能力描写自然，但是大家都知道，自然不是那么容易掌控的。我们要从纷繁复杂的表象和体系中提炼普遍法则。但是"塞伦盖蒂法则"是生命遵循的真理，任何生命物质的数量都是受到制约的：无论是人体血液中的胆固醇分子，还是稀树草原上成群的角马。

很长一段时间以来，科学家认为生物的规模控制是自下而上的：植物为初级动物提供了食物，初级动物又为高一级动物提供食物。但我们在 20 世纪六七十年代发现，是食肉动物自上而下地控制着生物部落的结构。食肉动物的行为影响着植物的生长。

所有生物都遵循"塞伦盖蒂法则"。这些法则能帮助我们明白蜘蛛、狼、鲨鱼和狮子都扮演着相同的角色，让我们开始了解生物系统中的基本逻辑。

Gizmodo：那么蚊子传播可怕的寨卡病毒也是大自然有意为之？

卡罗尔：对蚊子传播疾病的解释是，我们进入了它们的食物链。人类数量激增，已经超过了 74 亿，对以吸血为生的昆虫来说，没有比人类这种直立行走的动物更好的攻击目标了。现在野生动物数量骤减，但是人类无处不在，因此成为蚊子的最佳选择。蚊子已经适应了在靠近我们的水库繁衍，以吸食人血为生。我们处于很多食物链的顶端，但因为人类数量众多，也进入了蚊子的食物链，这就是报应。

Gizmodo：您在书中提出这样一个更深远的观点——要注意我们对生态体系的干预，否则我们最终会毁灭我们的食物来源。

卡罗尔：在书中，我举的一个例子就是一种在稻田里常见的小飞虫，叫稻飞虱。水稻是世界上很多地区的主要粮食作物，如果遭受虫害，我们首先就会使用杀虫剂，但这是不对的。这样就会造成稻飞虱实际数量的增加。为什么？因为它们逐渐对杀虫剂产生了耐药性，而我们做的仅仅是杀死了它们的天敌，比如蜘蛛。我们应该利用天敌来控制稻飞虱的数量。

另一个很好的例子是海洋。海洋是一个鱼吃鱼的世界，而人类喜欢食用海洋食物链顶端的鱼类，如金枪鱼、鳕鱼等。数十年来，我们一直过度捕捞这些鱼类，以至于现在只能捕到大量的小鱼。大约 2/3 的大型鱼类已经从海洋中消失，但是体型较小鱼类的数量增长了 1 倍。

所以，"塞伦盖蒂法则"不仅仅可用于确保黄石公园或塞伦盖蒂草原不会消失。我们要遵循这一法则，来保护我们赖以生存的食物链。只有熟知游戏规则的游戏者，才能知道何时进行干预。这是为了保护我们的自身利益，与意识形态无关。如果人类无底线地掠夺这些资源，结果就只能是两败俱伤。人类的自身利益要求我们按规矩出牌。我们是受自然规律控制的，同时也要控制好自身数量，因为自然界没有天敌来控制我们的数量。

Gizmodo：直到外星人入侵？

卡罗尔：是的，完全正确。

Gizmodo：虽然我们已经造成了自然生态系统的严重破坏，但是书的结尾出人意料地乐观。为什么您这么确信人类并不是注定要灭亡的？

卡罗尔：这是因为我对大自然的自我修复能力感到惊讶。当我们减轻对自然的压力，比如减少狩猎、捕捞和过度收获时，物种就会以惊人的速度恢复原状，甚至一些处于灭绝边缘的物种，比如数量仅存几百只的秃鹫、灰熊、海獭和海牛等都会"卷土重来"。佛罗里达州的鳄鱼在 20 世纪 60 年代末被列为濒危物种，但是现在它们遍布全州，有几百万只。

当生物学家在 20 世纪 50 年代末来到塞伦盖蒂草原时，他们曾怀疑能否有足够的资源来养活这么多动物。其实塞伦盖蒂草原在这之前刚刚遭受了致命病毒的侵袭，正处于复苏阶段。那时他们看到的 40 万只动物，在之后的 15 年里增至 150 万只。同样的事情正在莫桑比克的戈龙戈萨重现：10 年前，因战乱和偷猎，这里一片荒凉，而如今大型动物的数量已经从 1 000 只增长到 7.1 万只。这就是自然的自我修复能力，如果我们能给予自然这个机会的话。

想看卡罗尔讲述生命的法则吗？

扫码查看作者精彩演讲视频。

> 我们的身体具有非常精细的调节功能，从而使体内环境保持稳定。生态系统也有类似的调节功能。动物种群在不受限制条件下会迅猛增长。但是，数量扩张会受到上层捕食者、流行性疾病和食物供应的限制。动物种群会在过量增长与濒临灭绝之间巧妙地找到一个动态平衡点。

02

第二部分　**生命的逻辑**

在分子层面上，正向调节、负向调节、双重负向调节和反馈调节机制无处不在。胆固醇是细胞膜的重要组成部分，在生命活动中起重要作用。但过高的胆固醇含量，会引起严重的心脑血管疾病。过高的胆固醇含量是由于胆固醇调节系统出了问题。从本质上看，癌症也是一种与调节有关的疾病。

03

第三部分　**塞伦盖蒂法则**

在塞伦盖蒂草原上，我们看见了决定物种兴衰的"塞伦盖蒂法则"。在生态系统中，动物的地位并不平等，关键物种的作用举足轻重，它们的影响会向下延伸至更多的营养层级。同一营养层级的物种，也会为生存而相互竞争。体量法则、密度法则、迁徙法则也是决定动物兴衰的关键。

THE SERENGETI RULES

正在到来的生物学第二次革命

我们行驶在一条布满了碎石与砂砾的颠簸道路上，它的官方称谓是坦桑尼亚 B144 号公路。然而，这条令人骨头散架、牙齿打颤、膀胱失控的糟糕道路，却连接了非洲大陆上两个最具有奇幻色彩的地方。

B144 号公路的东部终点，是植被丰富、郁郁葱葱的恩戈罗恩戈罗自然保护区。它的原身是一个巨大的，直径超过 16 千米长的火山口。这座火山已经沉寂了不知多少岁月，是东非大裂谷中众多死火山中的一座，同时它也是超过 2.5 万头大型哺乳动物的家园。至于西部终点，则是广袤的塞伦盖蒂草原，也是我们在这样一个万里无云、风和日丽的好天气里的最终目的地（如图 0-1 所示）。

图 0-1　塞伦盖蒂国家公园，纳比入口。
Photo courtesy of Patrick Carroll.

与水草丰盛的恩戈罗恩戈罗高地形成鲜明对比的是其中的连接地带。这里没有可见水源。途中遇到一些身着传统红披风的马赛族牧人与小孩，他们的牧区特别荒凉，牲口只能在枯竭的草梗上反复地啃咬着。这种死气沉沉的景象一直延续到我们进入塞伦盖蒂国家公园，才突然变了。

马赛人那贫瘠的土地消失了，取而代之的是生机盎然的绿色草地。这里没有饥饿的牲畜，只有膘肥体壮、身背黑纹的汤氏瞪羚惊讶地抬起头来，想看看是什么侵入了它们的领地，打搅了它们本该平静的早餐。

顿时，车里的气氛热烈了起来。既然瞪羚已经出现，说不定还有其他生物隐藏在高高的草丛里。我们迫不及待地打开了天窗，把脑袋伸了出去，伴着脑海里已经响起的保罗·西蒙（Paul Simon）创作的《恩赐之地》（Graceland）的旋律，我的眼睛已经开始全方位 360 度无死角的扫描。这是我平生第一次造访塞伦盖蒂，在马赛族的语言里，它意味着"无尽之地"。带着我对这片号称野生动物天堂的土地的向往，我和家人一起踏上了这次朝圣之旅，正如歌词里描述的那样："（穷小子）朝圣者和他的家人们来到恩赐之地……"

起初，我还带有一丝疑虑。动物们都去哪儿了？没错，现在是旱季，但是这也平静得太离谱了。塞伦盖蒂是否空负盛名呢？

绵延不绝的草原只是偶尔被遍布砾石的小丘打断，为动物或者游客提供了视野开阔的天然观察据点。还有一些白蚁军团刨出的巨大土堆，甚至高过了草顶好几尺，我们的视线都不自觉地被这些土堆的形状吸引。

"那是什么？"车里突然传出声音。

众人迅速把视线投向几百米开外一个孤零零的土堆。

"狮子！"

一头金色的母狮威风凛凛地站在那里，炯炯有神地凝视着周围的草地。

"太好了，终于出现了。"我用自己才能听见的声音嘀咕着。"难道这就是闻名于世的塞伦盖蒂草原？"

想要在高高的草丛中寻找目标不是一件容易的事情。我是这群人里唯一的生物学家，相信其他人并不想把时间浪费在这里。

车子继续行驶着，在一片片绿色的草地上，那些有着标志性平顶的金合欢树开始星星点点地出现了。一条水量充沛的小溪蜿蜒其中。我们先是翻过一个小小的山丘，然后又转了一个弯，突然一个急刹车停了下来，眼前充斥着斑马和角马，我们前进的道路已经被结结实实地堵死了。

这是一片条纹的海洋。有 2 000 多只动物挤在一个大水坑里喧闹嬉戏。斑马的叫声介于某种吠叫与笑声之间，它们发出"夸哈，夸哈"的声音；角马就比较沉闷，似乎只会低低地发出"哈"的声音。这些动物属于这个星球上最大规模的动物迁徙的一小部分"流亡者"，整个参与迁徙的兽群包括100 万头角马、20 万头斑马，以及成千上万的其他动物。它们逐水草而居，跟着雨带不断迁徙至食物丰沛的区域。

这时，从我们左边那个突起的小山后又出现了一群动物闯入水坑。它们是有"黎明巡逻队"之称的象群，其中还有数只小象忙不迭地追赶着大部队的脚步。斑马和角马纷纷躲避，给象群让出一条道路来。

此时的塞伦盖蒂展现了一幅延绵不断的画卷，点缀着不同外形和颜色的动物：有尾巴竖直好似天线的灰色的疣猪，有至少 9 种羚羊，如身型迷你的犬羚、体型魁梧的巨羚、黑斑羚、转角牛羚、水羚、狷羚、汤氏和葛氏瞪羚，以及无处不在的角马等。除此之外，还有黑背豺、像塔一样高的马赛长颈鹿，以及大型猫科动物——是的，第一天我们就看到了三种，包括几头狮子，一头在树上假寐的花豹，和一头匍匐在距公路仅有一两米地方的猎豹。

尽管我看过许许多多相关的图片与电影，然而当我第一次亲眼见到这一切时，我的兴奋度丝毫未减。

我静静地注视着这片广袤的绿色山谷，心中涌起一阵奇异而愉悦的情感，眼前有庞大的动物生命群落，金合欢树竭尽全力地伸展着树冠，远处的太阳开始缓缓落下，勾勒出它前方高山的轮廓。这是我第一次来到坦桑尼亚，我却生出了回家的感觉。

没错，这里是众生的家园。东非大裂谷的谷底埋葬着你我祖先的骨骸。奥杜威峡谷位于恩戈罗恩戈罗与塞伦盖蒂之间，这是一条 50 千米长、地况复杂、沟壑纵横的荒地。在峡谷被风化的一面山坡上，即距离 B144 号公路仅有 5 千米的地方，历经几十年的探索，玛丽·利基（Mary Leakey）、路易斯·利基（Louis Leakey）夫妇以及他们的儿子发现了三种原始人类的遗迹，他们生活在距今 150 万 ~ 180 万年前的东非。再向南 50 千米至拉多里，玛丽和她的团队发现了 360 万年前的人类足迹。他们的脑容量比现代人小，但是已经能够直立行走。他们就是著名的"阿法南方古猿"。

这些难得的远古人类遗骨是从一堆堆其他动物化石当中发现的。这个事实告诉我们，尽管一些特定的演员的角色发生了变化，但是几百万年前的舞台上的演出与今天仍有许多相似之处，食草动物努力躲避狡猾的捕食者，以免被当作下酒菜。几百万年过去了，这部戏仍旧在上演。在奥杜威峡谷发现的大量石器工具，以及在动物骸骨上留下的相吻合的印记表明，我们的祖先在这场表演中并不仅仅是旁观者，他们早早就加入了捕食者的队伍。

弹指一挥间，沧海变桑田。人类生活已经发生了巨大的变化，然而过去的百年是变化最为剧烈的时期。自打人类种群出现后，两百万年以来，人类一直处于被控制的状态。我们采集水果、坚果以及植物种子，我们靠山吃山、靠水吃水，与角马或斑马类似，一旦食物来源减少，我们就迁徙去新的地方。就算是在农业文明和城市文明发展之后，我们面对自然灾害、饥荒以及瘟疫依然常常是束手无策。

一切变化都发生在刚刚过去的 100 年间。在这期间，情势发生了反转，人类开始取得控制权。天花，一种曾在 20 世纪上半叶夺去了 3 亿人生命的病毒，这一数字远远超过了有史以来所有战争死亡人数的总和，已经被彻底地从这个星球上消除了。肺结核，一种由细菌传染导致的疾病，它横行于 19 世纪，曾感染了 70%~90% 的城市人口，并在美洲大陆上实现了"七步留一人"，即 1/7 的致死率。而今，结核杆菌也在发达国家几近消失。如今，对 20 余种曾经大规模爆发、曾大面积致畸致残，或曾带走千万人生命的疾病，如脊髓灰质炎、麻疹以及百日咳等，人们都发明了其对应的疫苗。一些在 19 世纪还未出现的致死疾病，如艾滋病，也已经得到了特殊药物的抑制。

与医药产业类似，食物的生产加工也从根本上被颠覆了。一个古罗马时代的农民或许还能在 19 世纪的美国农场里找到他熟悉的犁、锄头和耙子等工具，但对接下来发生的技术革命，他就完全摸不着头脑了。短短 100 年间，玉米的亩产量增加了 3 倍还多，从 134 千克增加到 606 千克。同样的情形也在小麦、大米、花生、土豆和其他作物上发生着。随着生命科学的发展，人们开始种植新作物、饲养新家禽，再加上杀虫剂、除草剂、抗生素、激素、人工化肥的使用以及农业工具的现代化，同样面积的土地现在可以养活的人口是一个世纪前的 4 倍，而劳作在农田上的人口仅占全美人口总数的 2%，这与 100 年前的 40% 多形成了鲜明对比。

过去一个世纪里，医药与农业领域的进步对人类在生态系统中的角色变化产生了重大影响：首先人口数量呈现爆发式增长，由不足 20 亿增加到了今天的 70 多亿。而在 1804 年以前，人类用了 20 万年的时间才使人口总数突破 10 亿，现在我们还保持着每 12～14 年增加 10 亿人口的速度。20 世纪初，在美国出生的男性和女性的预期寿命分别为 46 岁和 48 岁；到了 21 世纪，这两个数据已经分别增长至 74 岁和 80 岁。与自然界发生变化的速率相比，在如此短的时间内将人口寿命增加 50% 是件非常了不起的成就。

正如保罗·西蒙曾经富有激情地描述：“那是一个奇迹不断的时代。”

哪里有生命，哪里就有法则

我们对于动植物与人体自身的控制能力，来源于还在不断增加的在分子水平上对生命的理解。而在分子水平上，人类对于生命最深刻的理解，恰恰就是“一切像设计好了一样，都处于被调控的状态下”。这句略显宽泛的陈词可以进一步被阐释为：

◎ 生命体内的每一种分子——从酶与荷尔蒙到脂类、盐以及其他化学物质，都被稳定地维持在某个范围内。举一个极端的例子，血液中某些分子的丰度是其他物质的 100 亿倍。

◎ 生命体内的每一种细胞——红细胞、白细胞、皮肤细胞、肠壁细胞
以及种类超过 200 的其他细胞，其数量都是维持在一个特定的值附
近的。

◎ 生命体内的每一种生命过程——从细胞增殖到糖代谢、排卵，甚至
睡眠，都是被某种或某类物质控制的。

人们逐渐发现，疾病的发生通常就是这些严密的调节机制发生了异常，
使某些物质处于过量或是不足的状态导致的。例如，胰腺产生的胰岛素不足
会导致糖尿病，血管里的"坏"胆固醇含量太高会引发动脉粥样硬化和冠心病。
而如果细胞摆脱了对它们数目与增殖行为的限制，癌症就会发生。

要想干预疾病的发生发展过程，我们必须了解一切与调节有关的"法则"。
对分子生物学家（特指在分子水平上研究生命现象的生物学家）而言，借用
一些体育术语来说，他们的任务就是辨认比赛的参与者与比赛规则。在过去
的 50 年间，我们了解了很多人体内各种指标得以维持的原理，包括荷尔蒙、
血糖、胆固醇、神经递质、胃酸、组胺、血压、病原免疫过程以及各类型细
胞的增殖过程，等等。许多在这些过程中起作用的因素以及发生机理的发现
者都荣获了诺贝尔生理学或医学奖。

在当下，这些辉煌的理论大部分都得到了实现，衍生出可以预防和治疗
疾病的各类药物。基于对调节机制分子水平上的了解，越来越多的以恢复关
键分子或细胞类型至正常水平为目标的药物出现在市场上。在世界上 50 种销
量最大的药物中，大多数药物的出现都得归功于分子生物学领域的革命。它
们的销售总额在 2013 年达到了 1 870 亿美元。

我作为一个分子生物学家，对我的同仁在改进人类生活品质方面所做出

的贡献，由衷地感到骄傲。与此同时，人类基因组破译得到的海量信息正
在引领新一波药物开发的潮流。人们对于自身探索的脚步没有停止，生物学
领域中的革命仍在进行。本书的目的之一，就是讲述这些分子生物学领域的
"陈年旧事"，为大家陈述这些技术和理念革新的发生过程，以及今后的发展
方向。

然而，在生命科学的分支中，分子生物学并不是唯一充满了"逻辑法
则"的领域，也不是在过去半个世纪中唯一发生了质的变化的分支。生命科
学的诉求是试图在每个量级上了解生命调节的法则。在与分子生物学平行的
另外一个分支当中，另外一群生物学家也在投身一场也许看来并没有那么耀
眼的革命。然而，他们的工作更宏观地阐释了在自然界这个量级上的生命调
节法则。而比起分子生物学的进展在现阶段所带来的医药领域的发展，自然
界生命法则的发现兴许会为全人类带来更大的福利，我们称之为生物学第二
次革命。

塞伦盖蒂法则

生物学第二次革命的发生，缘起于一些生物学家的一些简单的、看上去
有点幼稚的问题："地球为什么是绿色的？为什么动物没有消耗光所有的食
物？如果一些物种消失了会如何？"对于这些问题的探索，让人们明白，正
如人体内的分子法则让每种分子和细胞的种类都稳定地维持在一定水平一
样，自然界也存在可以调节动物种类和数量的生态法则。

我将这些法则统称为"塞伦盖蒂法则"，是因为生态学家们曾勇敢地在这
里进行了长期的实验而总结出了这些法则，同时也是由于这个生态系统里的
动物数量是真正受到这些法则调节的，众所周知的例子如生活在非洲热带稀

树草原的大象或狮子的数量。根据这些法则，我们也能预测到，如果狮子从这个生态系统中消失了，接下来将会发生哪些变化。

这些法则不仅适用于塞伦盖蒂，它们也适用于世界上很多区域，从海洋、湖泊到陆地。这些法则既出人意料又意义深远：出人意料在于它们能够解释看起来无关的物种之间的具体联系；意义深远在于它们决定了大自然生产动物、植物、空气及水资源的能力，而这些都是人类赖以生存的自然资源。

为了把抽象的人体内分子调节机理转化为实实在在的攻克疾病的武器，我们投入了大量的人力、物力和财力。令人遗憾的是，并没有人认真考虑过要把塞伦盖蒂法则真正用于处理人类现阶段所面临的问题。任何新药在问世之前，都需要经过一系列严谨复杂的临床试验，以确定其有效性与安全性。临床试验确有其必要性，除了需要考察药物是否对症外，还必须对该种药物是否能够与机体内的其他物质相互影响并产生副作用做出精准的评价。通常情况下，新药面世的门槛都非常高，能够淘汰约85%的候选药物。如此高的失败比例，也部分地反映了无论是医生、患者、公司还是监管机构，对药物副作用的容忍度都非常低。

然而，几乎整个20世纪里，在世界上绝大部分地区，人类为了满足自己的私欲，毫无节制地狩猎、捕鱼、耕种，甚至破坏，却从未试图理解或是考虑过改变其他物种的生存环境或是打乱它们的生存方式，会给整个地球生态系统带来怎样的副作用。人类的数量已经暴增至70亿，我们为之付出的代价是要面对越来越多令人头疼的问题。

世界范围内的狮子数量已经从50年前的45万头骤降至今天的3万头左右。曾经漫游非洲和印度大陆的兽王，已经从26个国家消失了。今天，坦桑尼亚境内集中了非洲大陆上狮子总数的 40%，它们中最大的一个群落就生活在塞伦盖蒂。

相似的故事也发生在海洋当中。鲨鱼是海洋生物中生存了 4 亿年的古老物种，然而就在过去短短的 50 年间，世界范围内很多鲨鱼物种的数量减少了 90% 甚至 99%。今天，有 26% 的鲨鱼，包括双髻鲨与鲸鲨，都面临灭种的危险。

有些人也许会说："那又怎么样呢？物竞天择，胜者为王，这就是自然法则。"事实并非如此。正如人体内重要的分子如果不能维持其正常水平就会影响健康，导致疾病发生一样，如果有重要作用的物种数量水平无法维持的话，生态系统也会"生病"。这就是塞伦盖蒂法则传递的信息。

越来越多的证据表明，全球生态系统已经处于亚健康状态，或者至少也进入了疲劳期。生态学家们统计过给全球生态带来变化的人类活动，从种植农作物与经济作物、饲养家禽、砍伐树木、捕鱼，到修建居所与提供能源的基础设施、燃料消耗，等等。之后再拿这些的总量与地球的生产总量进行比较，所得到的结果图，是这些年我在所有的科学文献当中见过的最简单也最具有震撼力的一幅（如图 0-2 所示）。

50 年前，地球上的人口总量为 30 亿，人类活动每年消耗地球年生产总量的 70%。这个数字到 1980 年达到 100%，现在已经上升到 150%，也就是说，人类需要 1.5 个地球才能维持现有的一切。很遗憾，地球只有一个。

我们已经控制了万物——除了我们自己之外的万物。

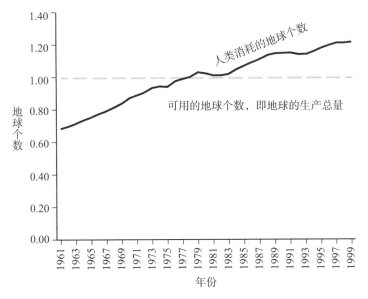

图 0-2　人类生态需求总量相对于地球生产总量的逐年变化曲线。我们现在的消耗
　　　　能力已经超过了地球生产能力 50%。

Figure from Wackernagel, M., N. B. Schulz, D. Deumling, A. C. Linares et al. (2002) "Tracking the Ecological
Overshoot of the Human Economy." *Proceedings of the National Academy of Sciences USA* 99: 9266–9271.
© 2002 National Academy of Sciences.

大自然的美好未来

曾经有生物学家非常偏激地断言，过去一个世纪当中生物学的影响表明，在自然科学领域，生物科学是与人类生活最为息息相关的。的确，在我们面对的很多挑战面前，包括为一个日益庞大的群体提供食物、药品、水、能源、居所以及谋生技能等，在可预见的将来，生物科学必将发挥核心作用。

我所认识的所有生态学领域的泰斗，他们对于地球生态系统的亚健康状态及人类的可持续发展能力都表现出深深的担忧，更不用说我们的地球还需要继续养育那么多种类的其他生物了。一方面，人类在微观分子领域力克万难、成绩斐然，解决了一个又一个难题。另一方面，人类仍然对我们共同的家园抱有一种盲目的乐观，完全无视在宏观世界里由粗放的行为模式所引起的更大的人类危机。这难道不是很讽刺的一幕吗？就像泰坦尼克号上的大多数乘客只关心晚饭的菜单，而航速与纬度等问题显然不在他们的考虑范围之内。

因此，就算是为了我们自己，人类也需要跳出自身的条条框框，全面了解更为广阔天地中的宏观法则。只有在更广义的层面上理解与运用生态学的法则，我们才能有一丝希望扭转目前的被动局面。

诚然，我写这本书的目的不仅仅是介绍几条法则那么简单，尽管它们同时具备实用性与迫切性。这些法则是人们为了了解生命存在的方式，在长期的仍在进行的追问中得到的宝贵财富。在这里，我除了要把发现这些伟大法则过程的激动人心的一面与你们分享以外，也要把最艰苦困难地追求答案的过程讲述给你们听。我向你们保证，当我们聆听着这些故事，跟随着科学家们的脚步，或是走遍天下，或是扎根实验室，分享他们的痛苦与惊喜时，你会发现，科学本身是令人非常愉悦的，是易于理解的，也是让人印象深刻的。本书中的所有故事都围绕那些揭开了重大谜题或是做出了卓越贡献的科学家们展开。

他们的伟大发现远不只是丰富了人体或生态系统操作手册。许多人都认为，要理解生命就必须掌握无数的生物学细节知识，这无疑是生物学家和生物课考试的错。一位生物学家曾说，生命仿佛是"近乎无限多特例的集合，必须就事论事单个分析"。本书的另一个目的是要展示事实绝非如此。

每当试图比较人类机体内部的工作方式与在塞伦盖蒂草原的亲眼所见时，我常常就被细节所淹没。需要比较的部分太多，而它们的交集也太复杂。然而，我将要叙述的这几条生态学普适法则，却有一种神奇的魔力、能化繁为简，揭示生命的真谛。这些逻辑包括，我们的身体如何做出判断是增加还是减少某种物质的产量，而类似的原理也能够解释热带稀树草原上的象群数量增加或是减少的原因。因此，尽管微观的生物分子与宏观的生态系统是如此不同，其内在工作逻辑却惊人地相似。理解这些精妙的逻辑原理，可以使我们从各个层面上，从分子到整体，从单独个体到生态系统，去更加深刻地理解生命的逻辑。

我希望读者能从此书中获取新颖的洞悉能力与独特的灵感：洞悉生命在不同层面上带给我们的疑惑，并从那些杰出的、具有前瞻性的，甚至已经为实现更美好的明天做出贡献的人类身上获得解决难题的灵感。

5 天的塞伦盖蒂之行，我们看到了形形色色的大型哺乳动物，只有一种例外。在返回的路上，当我们又一次经过那片美丽多彩的草原时，就像事先约好了一样，一个从未见过的身影出现在了地平线上，它那特有的角明确地告诉我们，这是一头黑犀牛。整个塞伦盖蒂现有黑犀牛 31 头，在得知这个数据之后，眼前的景象带给我们的震撼的确是巨大的。然而，曾经超过 1 000 头的数据如此酸涩地提醒着我们：前路艰辛。事实是，尽管人们早已明确了人类勃起的分子基础，而且至少有 5 种非常便宜的药物早已针对这个问题问世，但是在今天的东方，犀牛角作为名贵的壮阳药仍受到人们疯狂的追捧。

> 人生总是充满奇迹与困惑
>
> 别哭孩子，别哭
>
> 别哭……

THE
SERENGETI
RULES

第一部分

万物有法

我们的身体具有非常精细的调节功能，从而使体内环境保持稳定。生态系统也有类似的调节功能。动物种群在不受限制条件下会迅猛增长。但是，数量扩张会受到上层捕食者、流行性疾病和食物供应的限制。动物种群会在过量增长与濒临灭绝之间巧妙地找到一个动态平衡点。

THE
SERENGETI
RULES

01

身体的智慧

> 所有的生命形态都是稳定存在的。这种稳态保证了生命体受到巨大外力冲击的时候仍然保持完整，不致面临被损坏、被肢解甚至被毁灭的命运。
>
> ——夏尔·里歇

树枝折断的动静大到把我从好梦中直接吵醒了。流经坦桑尼亚北部的塔兰吉雷河岸边的一个山崖上树木丛生，是我们暂时的栖息地。这是一个伸手不见五指的夜晚，天空中看不见月亮，甚至没有一点星光。从大帐篷前方的幕帘窥视出去，我什么都看不到。也许是风刮的？我看了看表，才凌晨 4 点，就翻了个身，想再睡上几个小时。

这时，沉重的脚步声从黑暗中传来，偶尔还伴随着低沉的隆隆的粗喘。这声音开始从帐篷的正面渐渐向四周分散，把我们团团围住。它们就在帐篷外面。然后，妻子杰米也醒了。

这是一个象群，它们是从河床沿着斜坡走上来的，到这里来巡视树林和灌木丛，并寻找食物。由于没有天敌，这些动物在陆地上所向披靡。它们超过 3.5 吨的体重，以及叉车一样形状的象牙，让它们在灌木丛中行走时如履平地。当听到树枝和树干碎裂的声音时，我开始为这薄薄的帆布帐篷是不是能真的挡住它们而发愁。谢天谢地，它们完全无视我们，也没有表示出对我们这小小避难所的任何兴趣。它们只顾着狼吞虎咽，好在黎明前能返回山崖下喝水。

天际刚刚开始发白，我们小心翼翼地从帐篷里钻出来，开始偷拍一个掉队的家伙。我必须说，只有你真正站在一头大象面前的时候，你才知道它比你想象的要大得多。这家伙有巨大的身体和耳朵，肩膀到地面足有 3 米的距离，是一头真正的庞然大物。它忘我地咀嚼着小树的枝叶，完全忽视了我们这些站在角落里的偷窥者。在镜头面前，它还是十分平静的。

突然，从其中一个帐篷传来了一声怪响，它明显受到了惊动。它先是发出了一声象鸣，之后立即转身向左，快步朝着我们这边冲了过来（如图 1-1 所示）。

图 1-1　这是一头愤怒的大象！它在恐吓无果之后已经进入了暴走模式，摄于塔兰吉雷国家公园。

Photo courtesy of Patrick Carroll.

关于接下来发生的事情经过，众说纷纭。

按照我的版本，我们都冲进了距离最近的帐篷，并且迅速拉上了拉链，寄希望于即使是4吨重的大象也拿拉链毫无办法。然后我们就浑身发抖地站着，嘴里毫无意识地轻声嘟囔着，并想借此控制情绪、驱散恐惧。

我试图从生物学的角度来解读这短短几秒钟中，在我的脑部和身体里发生的一连串的事件。这些事件发生的速度如此之快，甚至在我告诉自己"这象疯了，快跑"之前就发生了。首先脑部的杏仁体将危险信号传至海马体。海马体的位置紧靠在杏仁体的上方，它体积不大，只有杏仁大小，但是能够迅速向主要器官组织传递生物电信号和化学信号。通过神经传导，海马体将信号传至肾上腺，顾名思义这是个长在肾上方的腺体。肾上腺应激后迅速分泌肾上腺素，后者被释放进入血液，迅速在全身循环并到达各个器官，使心跳加快、肺活量增加以及骨骼肌收缩，并使储存在肝脏里的糖原很快分解变成能量，还让全身的平滑肌细胞激动，导致血管收缩，汗毛直立，血液从皮肤表面、肠道和肾里迅速回流。与此同时，海马体还释放了一种叫作促皮质激素释放因子的化学物质，该物质可到达附近的脑垂体并使其释放出促肾上腺皮质激素。这种荷尔蒙可以作用于肾上腺的其他部分并最终释放皮质醇，直接导致血压升高和血流涌向肌肉组织。

这一切的生理变化都属于一个叫作"战斗或逃跑"的生理反应的一部分。早在一个世纪之前，哈佛大学的生理学家沃尔特·坎农（Walter Cannon）就发现并详细描述了这种由恐惧和愤怒引发的生理现象。凡此种种，都是我们的身体应激地准备着战斗或逃跑。而当时我们显然选择了逃跑。

猫的恐惧

坎农在研究消化系统而开展的前沿实验中，对身体的恐惧反应有了最初的认识，并发生了浓厚的兴趣。在坎农还是个医学院的学生时，X 射线才刚刚被发现。一个教授建议他用这种新工具去观察消化系统的工作原理。1896年 12 月，坎农和另外一个学生成功地捕捉到了他们的第一个影像：一只狗正在奋力地吞咽一个珍珠纽扣。紧接着，他们又在其他动物身上开展了类似的实验，包括鸡、鹅、青蛙，还有猫。

观测消化系统的一个巨大挑战是，类似胃和肠道这些软组织并不能很好地在 X 射线下显影。坎农发现给动物喂食带有铋盐的食物可以解决这个问题，原因是 X 射线不能穿透铋物质。他还发现了钡有类似的效果，但是由于过于昂贵，在当时并不能广泛用于研究。后来放射科医生广泛地将钡盐用于胃肠道显影，并一直沿用至今。在一系列经典实验中，坎农首次在动物甚至是人类的健康活体中观测到食物是如何在食道、胃和肠道里收缩蠕动的。

也正是在同类实验中，坎农注意到，当一只猫处于惊警状态时，这种蠕动会突然停止。他在日记中这样写道：

> 因为已经是数次反复发生的实验结果，其确定性已毋庸置疑。当猫从安静状态瞬间进入警戒状态时，食物蠕动会完全停止……大约半分钟后才会恢复。

坎农把这个实验重复了一遍又一遍。每次都是当动物重新平静下来，食物蠕动就会立即恢复。这个医学院二年级学生此时已经是硕果累累。在即将成为职业萌芽之路上写就的第二篇经典论文当中，他写道："尽管我们长久以来就知道暴力情绪会影响消化过程，但是没有想到消化蠕动会对精神上的紧张情绪如此敏感，这实在令人诧异。"

坎农在生理实验上的天赋最终使他选择成为一名生理学家。他的才华、律己和工作理念打动了哈佛大学生理学系的杰出教授们，最终，他们决定在坎农毕业时授予他讲师职位。

紧张的胃

坎农在他自己的实验室中开始研究情绪是怎样影响消化系统的。他观察到，情绪紧张使消化过程骤停也发生在兔子、狗和豚鼠身上，他从医学资料上看到，人类也有类似的反应。情绪和消化系统之间的联系显示了某些神经系统对消化器官的直接控制。

坎农知道所有的情绪紧张的外在表现都是由交感神经诱发并且在结构上由平滑肌完成的，比如由血管收缩导致血量减少而表现出的脸色苍白，还有冷汗涔涔、口干舌燥、瞳孔放大、汗毛直立等。交感神经由一系列起源于脊柱胸腰节段的神经元组成，这些神经元向外伸展至神经汇集的部位，也称之为神经节。接着一些形态上更长的神经元从神经节延伸至靶向器官，并对后者起到支配作用。包括皮肤、主动脉、小动脉、虹膜、心脏以及消化系统在内的人体大多数组织器官，都受到交感神经的调节，同时这些组织器官也受到脑起源和骶起源的神经调节（如图 1-2 所示）。

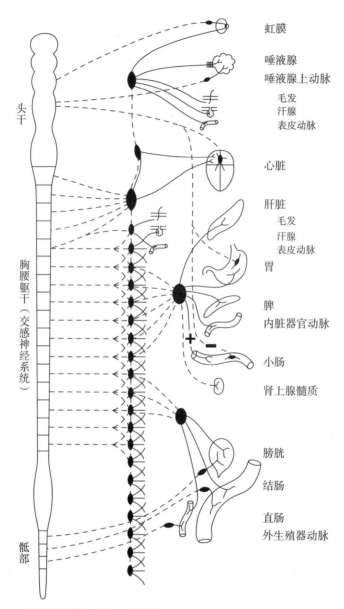

图 1-2　交感神经系统示意图。自主神经系统的这一分支连接着多种腺体和平滑肌，起的作用既包含维持内环境的稳态，同时也参与介导进入战斗或逃跑模式的应激反应。从头干与骶部出发的神经，其作用方式往往与从躯干部出发的神经的作用方式相反，一个很好的例子是两者对小肠运动的神经支配。

Figure adapted from *The Wisdom of the Body* by Walter B.Cannon (1963), modified by Leanne Olds.

为了弄清楚紧张情绪让胃肠蠕动暂停的原因，坎农与他的学生们进行了一系列非常经典的基础实验。其中之一就是通过分别切断与消化有关的神经，观察是哪个神经在起作用。坎农发现，当脑起源的迷走神经被切断而隶属于交感神经的内脏神经保持完整时，恐惧情绪依旧能够引起肠蠕动暂停；相反，在内脏神经被切断而迷走神经完整的情况下，恐惧情绪的反应消失了。这些结果印证了内脏神经在这一系列事件中的重要作用。

坎农注意到，胃肠蠕动暂停的时长远远超过了前面描述的神经传导过程。所以除了神经传导信号脉冲，可能还存在第二种机制延长了这个过程。在此之前曾经有关于肾上腺素的报道，陈述了当这种产自肾上腺中央区域的激素被注射进入血液的同时，可以产生类似交感神经激动的效果。坎农由此推测肾上腺素可能参与了身体对恐惧和愤怒的反应过程。

坎农与另外一位年轻的医生丹尼尔·德拉帕兹（Danicel de la Paz）试图一起用一个有趣的实验验证这个假说。他们利用了猫对狗的天然惧怕心理，比较了猫在听到狗叫之前和之后的血液样本，发现被惊吓的猫的血液中含有某种未知物质，这一物质可以让一小簇肠道肌肉细胞停止收缩，这与肾上腺素在肌肉细胞上的作用完全相同。

肾上腺素是肾上腺生产的众多组分之一。坎农和他的同事们之后陆续发现了肾上腺素具有加速心跳、促使肝脏分解糖原，甚至促进血液凝固的作用，这些都是在疼痛发生、恐惧和愤怒情绪袭来时的共同反应。而且，如果肾上腺被移除或是连接肾上腺的神经被切断，这些反应便不会发生。据此而知，身体在压力情况下做出的正确反应是由交感神经系统和肾上腺共同协调完成的。

按照坎农的说法，这些由肾上腺素诱发的事件显示了在紧急状态下身体是如何调动肾上腺以准备战斗或逃跑脱困的。作为达尔文自然选择学说的忠实拥趸，坎农是这样描述的：

> 那些具有最大概率生存下来的生命体都具有一些显著的共同点：可以最大程度地支配能量，可以全力调动糖原的分解供应运动的肌肉组织，能从疲劳中迅速恢复，并集中向最重要的部位供应血液。

坎农的学生菲利普·巴德（Philip Bard）后来证实了，海马体是大脑控制自主神经系统的中枢部位，这些自主功能包括消化、心率、呼吸以及我们反复提到的"战斗或逃跑"反应。无论是海马体还是这种反应系统，都是进化上非常保守的组成部分。这些结构系统让我们认识到，无论是远古时期能在大草原的狮子和土狼爪下逃生的我们的祖先，还是如今能避开横冲直撞的出租车的纽约行人，抑或是当时能够从大象的愤怒里逃生的我们，所有的人类面对危机的反应机理都是一样的。人类身体的这部分结构在进化上是如此的保守，甚至于基本上被完整地刻录了下来。

战场上的科学家

坎农出身常春藤联盟，但他并不是象牙塔中不问世事的隐士。1916 年，第一次世界大战已经进入了第三个年头，彼时的欧洲已经被拖进了战争的泥潭，每时每刻都有大量的伤亡产生，局势看起来非常不妙，美国随时有被卷入的危险。为了保护和挽救战场上士兵和平民的生命，一个政府咨情特别委员会成立了，坎农被任命为这个委员会的主席。他了解到当时战场上最严重的问题之一是受伤士兵会出现休克反应。坎农曾在他的实验研究中观察到动物在紧张情绪下也会出现休克症状，比如脉搏加快、瞳孔放大、脱水式出汗等。往往受伤的士兵一旦产生类似休克症状就会回天乏力，死得很快。"难道就没有什么有效的办法吗？"他这样问自己。

带着对这个问题的深深忧虑，坎农展开了一些动物实验，试图找出缓解休克症状的途径。1917 年 4 月，美国最终决定参战。坎农时年已经 45 岁，同时是 5 个孩子的父亲。他本不用参军，但是他选择志愿加入哈佛医学院，并成为第一批奔赴欧洲战场的美国医疗队伍的成员。坎农主动要求去一个靠近法国北方前线的休克病房里服役。

坎农带着对家庭的眷恋告别了波士顿。他乘火车来到纽约，在那里登上了开往英格兰的萨克森尼亚号，他即将面对的是一段长达 11 天的充满危险的海上航行。为了躲避德国潜艇，这艘船在晚上只能紧闭舷窗，在黑暗中行驶。通常情况下为了防止撞击，船头和船尾都必须亮灯。萨克森尼亚号仅仅照亮了船尾，是为了引诱鱼雷脱靶。8 天的航行过后，船已经靠近了英国的海岸线，每个人都被下令必须和衣而睡，以备遇袭时可以迅速逃生。好在老天帮忙，海上的雾和雨有效地隐蔽了船只，而一艘英国驱逐舰的护送顿时安抚了大家的紧张焦虑。后来坎农在给妻子科妮莉亚的信中这样写道："那种天气里，敌军根本发现不了我们。"

安全到达英格兰之后，坎农前往几个战地医院，恰逢一波伤员正从英国的自卫战场上被送下来。虽然从 17 年前医学院毕业起他就再也没有做过手术，坎农还是主动要求进病房帮忙，包扎伤口、照顾伤员。

之后他们迁到了离前线更近的地方。他无助地看着士兵的生命体征迅速消失，这一幕幕的场景令人心碎，来自英国和美国的医生尽一切努力想要弄清楚伤病员死亡的原因。

他们做了一些新的调整，包括监视伤员的血压变化，而不仅仅是脉搏。正是这一举措带来了一个重要的线索。健康人的血压范围在 120 ~ 140 毫米汞柱之间，休克病人的血压只有不到 90 毫米汞柱，而且一旦低至 50 ~ 60 毫米汞柱，基本上就无力回天了。

血压过低意味着重要器官不能得到有效的能量补给，同时代谢废物也不能及时输出。碳酸根离子作为血液稀释系统的一个重要组分，其浓度变化可以反映出血液的酸碱度变化。坎农发现休克病人血液中的碳酸根离子浓度偏低，表明病人的血液比起理论值更偏酸性。他还发现，血液越是偏酸，血压也会越低，休克症状也会越严重。坎农据此提出了一个简单可行的治疗方案：给休克病人注射碳酸钠。

坎农在 1917 年 7 月给他妻子的一封信中第一次描述了这种治疗方案的结果，那时距离他到达欧洲刚过了两个月：

> 呃，周一送来一个病人，他的血压只有 64 毫米汞柱，情况非常糟糕。我们采取的方法是每隔两小时喂他一茶匙苏打水，第二天早上他的血压回到了 130 毫米汞柱。周三又有一个病人，他来的时候整个上臂烂得惨不忍睹，一般这种情况是没法活了。他术后血压只有 50 毫米汞柱，实在是太低了。我们立即给他喂苏打水，第二天早晨他的血压就回到了 112 毫米汞柱。

坎农记述了同一个星期里另外 3 个得到治疗并被从死亡线上拉回来的士兵，其中包括一例静脉注射碳酸钠迅速缓解呼吸和脉搏的病例。

坎农与其同行的主管医疗的官员被这个结果震惊了。由于休克常见于手术等非常态过程当中，据此碳酸盐的使用被纳入处理紧急情况的标准。同时坎农和他的同事们也推进了其他阻断休克发展的措施，如用暖和的毛毯包裹病人、补充液体、用干燥的担架移动病人，以及手术中尽量采取轻度麻醉等。

为了推行这些措施，坎农在战区组织了应对休克病人的培训。为了了解这些措施在战场上的应用情况，他亲自上前线视察。

1918年7月中旬，他在法国东部的马恩河畔沙隆的一家医院访问。这一天，在结束了整晚和其他医生的交流之后，坎农疲惫地上了床。不远处时不时有枪声传来，但他早已习以为常。午夜到来之前，坎农突然被剧烈的震动惊醒，"那巨大的不可思议的令人颤抖的可怕的轰鸣声……仿佛就像成千上万辆汽车碾压过鹅卵石的动静"。他跳了起来冲到窗前，发现整个天际已经被爆炸的火药点亮。他听到炮弹从身边嗖嗖地飞过，之后爆炸声从附近的医院传来。平均每3分钟就会有一颗炮弹落在距离医院1.5千米的范围内，这个过程持续了约4个小时。

在这场大规模的德军进攻当中，坎农在伤员刚被送进医院的时候就被召集到了休克病房。之后更多的伤员涌入，光是那一天医院就接收了大概1 100名伤员。正当休克病房人满为患之际，坎农听到了一声震耳欲聋的爆炸，一个炮弹击中了隔壁只有6米之遥的病房，屋顶被炸飞，弹片甚至穿透了墙壁飞到了这边。空气中充斥着爆炸产生的尘土、烟雾和有害气体，但是坎农并没有撤退，他和他的医疗队伍坚守着，直到所有的病人都被转移到后方相对安全的地方。

这场战斗最终成为整个战争的转折点。德国的铁之战车停止了推进，协约国军队在接下来的几个星期甚至几个月里不断东进。坎农随着前线部队进入了曾经的德国占领区，他见证了法国的城镇满目疮痍，曾经的繁华之地如今长满了野草，敌军战俘排成了一列列长队。逐渐地，被送往医院的伤病员越来越少，直到再没有人被送来，战争结束了。坎农在给他妻子的信中这样写道："能在扭转世界历史的战局中发挥作用，感觉实在是太好了。"

坎农由于在战时的英勇表现获得了晋升。在短短不到 14 个月的时间里，他从中尉开始历经上尉、少校，最后变成中校。英国女王授予他象征最高荣誉的巴斯勋章，美军欧洲战场总指挥珀欣将军也曾高度赞扬他是"用休克治疗方法建立了卓越功勋的人"。1919 年，人们沉浸在战争结束的喜悦和激动当中，坎农结束了他的使命，从巴黎乘船返回美国，和他的妻子、孩子以及实验室重聚（如图 1-3 所示）。

图 1-3 沃尔特·坎农的军装照。

Photo from Family Photograph Album. Walter Bradford Cannon papers, 1873–1945, 1972–1974(inclusive), 1881–1945 (bulk). H MS c40. Courtesy of Harvard Medical Library, Francis A.Countway Library of Medicine, Boston, Massachusetts.

身体的智慧

坎农在法国的经历深深地影响了他。那些充满了痛苦回忆的第一手资料，让他更加深刻地了解生命体征是由哪些基本要素维持的。加上以前对动物在压力状态下的生理过程的了解，包括消化、呼吸和心率等过程，坎农开始积极思考人体是如何对抗外界干扰，并能够在有限的条件下维持重要体征的。

在他看来，是神经系统和内分泌系统的许多行为阻止了剧烈变化的发生，从而使体内环境保持在一个围绕中心窄幅变化的范围内，包括体温、酸碱度、水分、盐分、氧气还有糖的含量都处于一个相对平稳的状态。他非常清楚，一旦这种复杂而脆弱的平衡被打破，会发生严重的疾病甚至死亡。举个例子，正常状态时，血液 pH 值是 7.4 左右。如果降到 6.95，人就会发生昏迷甚至死亡；反之如果升到 7.7，就会发生抽搐和癫痫。类似地，每 100 毫升血液中钙离子含量应正常维持在 10 毫克左右，如果减半会导致抽搐，而加倍的后果就是死亡。

坎农开始在演讲和论文中更多地讨论"身体的智慧"。他这样写道："我们的身体具有非常精细的调节和控制功能，而我们最近了解到的一些事实不过是冰山一角。"当时的一个重大发现是胰岛素对血糖的控制。坎农详细记述了这一过程：餐后血糖升高，迷走神经刺激胰岛腺体分泌胰岛素，使得血液里多余的糖原被储存起来；而当血糖降低，自主神经系统里的其他成员发动肾上腺从肝脏里分解并释放糖原。坎农认为："生命体的组织器官正是基于这种方式，将血糖波动的幅度严格限制在一定范围内。"

坎农强调，多数器官是受到来自不同神经系统甚至是方向完全相反的信号调节的。也正是基于这种机制，器官活动的调节就在于条件性地增大某一方向的信号并同时减少其他的信号。坎农给身体这种精准的调节能力起了一个名字，叫"内稳态"（homeostasis）。这个词来源于希腊文字，前半段表示相似，后半段表示恒定不变。以病理学家们将近30年的研究经历为基础，坎农提出的这个概念并非空穴来风。内稳态本质的意义就是调控，即通过体内的一些生理过程，调节和维持身体机能，使其稳定在一定范围内。

坎农首先在一些科学文献上发表了他的看法，之后他把这些写进了一本科普书，书名就叫《身体的智慧》（*The Wisdom of the Body*）。他从几个方面阐述和论证了身体的这种稳定性就是来源于主动调节过程。首先，他讲述了身体在受到外界干扰的情况下仍具备和表现出稳定的功能；接着，他提出，身体之所以能够维持稳定的原因是既有拒绝正向变化的因子，也有拒绝反向变化的因子，它们共存于一个系统当中；然后，他又指出，有非常有力的证据表明，维持内环境平衡稳定的过程中经常是多种因子同时或相继发生作用，而非单一因子的影响，一个显著的例子就是血液的酸碱平衡；最后，针对一些定向的调节过程，他认为必然有反方向的调节机制存在，这一点在血糖的调节中已被证明了。

简而言之，坎农认为身体里的所有过程都是处于被调节的状态和过程当中的。他总结道："生理学最重要的问题就是研究身体内部的调节和控制过程是怎样发生的。"

坎农清晰记录了他在消化、饥饿、口渴、恐惧、疼痛和休克方面的研究，以及他对神经系统和内分泌系统的了解。正是基于以上工作，内稳态已经成为生理学和生物学中的一个重要概念，有人甚至把它与达尔文的进化论相提并论。

坎农深信内稳态理论对医学有着积极而深远的影响。他在波士顿的医生圈子里广泛传播了关于为什么要"乐观面对病患"的理论，随后还发表在著名的科学期刊《新英格兰医学期刊》（*The New England Journal of Medicine*）上。他谦虚而诚恳地写道：

> 你们做医生的每天面对的是真正的病人，而我只是一个皓首穷经的、在实验室里闭门造车的生理学家。如果说我有什么能够指导你们的理念，那才真是令人不可思议。但可能的事实是，我仍然需要你们给我专业的见解和指导，而我也需要向你们表达歉意……但不管怎样，作为一个生理学家，通过经年累月的实验、阅读和思考，我想和你们分享一点我对生命的理解和感悟，希望在未来医学应用当中能变成实实在在的帮助。

坎农接着详细陈述了生命体中的自我调节现象：

> 当某些因子的导向作用超过了阈值时，生理的平衡就有被打破的危险，此时内环境会自发地发生反向调节作用，使得内环境重新回到平衡状态。值得注意的是，这些生理过程都不是我们可以主观上控制的，它们完全是自发的应激反应。

意识到身体有如此强大的自我调节功能，坎农这样评价："我们的身体本身就在行使着医生的职能。"我们需要医生的外部干预，正是由于内环境的某些机制被打破，这种内平衡的破坏是因为某些因子过于活跃或处于被抑制状态下而导致的。坎农强调，在医生新掌握的治疗手段里面，包括胰岛素、甲状腺素、抗毒素等在内的许多种都是我们身体内的天然调节成分。而医生的职责就是强化或重建体内的平衡环境。坎农认为，强大高效的内稳态机制及我们所掌握的越来越多的外部辅助手段必将成为医学界的希望之星。

　　坎农坚信，内环境的调节是生理学的基础，内环境失衡也是多种疾病发生的重要原因。无独有偶，在坎农形成这些重要看法的同时，也有另外一位科学家得出了类似的结论，而他的调节平衡理论建立在一个更宏观的层面上。

THE
SERENGETI
RULES

02

生态学

> 对动物种群数量的研究几乎占了生态学研究的半壁江山。不幸的是，这仍然是一个极少被涉及的领域。
>
> ——查尔斯·埃尔顿

简直是赤裸裸的威胁，这头大象仅仅迈了几步，就让我们知道了在它的地盘上谁是不能招惹的。

等到我们心跳恢复正常，这头大象也消失在了山坡下，我们又冒险回到了前夜的突袭现场。这里到处都是被损毁的树木、光秃秃的树枝，还有久久不能散去的粪便的味道，当然都是这些庞然大物的杰作。大象是庞大而异常高效的粪便制造机。一头大象每天要摄入超过 90 千克食物和 190 升水，因而它们 30 多米长的肠道每天需要制造 90 千克的粪便以配合进食的需要。

令人不解的是，既缺乏自然天敌，又拥有超级胃口和消化能力，象群本应该占领非洲才对，然而事实却并非如此。究其原因，作为陆地最大生物的非洲象，它们的生育能力是有限的。一头母象要到 10 岁才达到性成熟，它们一生中只能孕育少量幼儿。而且象的妊娠期长达 22 个月，因为小象要在妈妈体内足足发育到 110 千克。

查尔斯·达尔文在他的著作《物种起源》里非常有力地反驳了这种观点：

象群被认为是迄今为止我们所熟知的物种中繁育速度最慢的，我花了点功夫估计它们在纯自然环境中的最慢种群增长速度。比较安全的算法是，假设大象从 30 岁开始进入繁育期一直到 90 岁，这期间它们生育 46 胎，而它们本身可以活到 100 岁。如果这是真的，那么只需要 740～750 年就能让一对大象产生 1 900 万头后代。而只需要 50 代或大约 2 500 年，象群的总体积就可以超过整个星球。

这显然很可笑。让我们再看看另一个极端，那些体积超小的生物。比如占领人类肠道的大肠杆菌，它们的重量只有一万亿分之一克。即一万亿个细菌约重一克，一头象约重 400 万克。以 20 分钟的细菌分裂时间计算，一个细菌单体只需要两天就可以增殖成为一个约等于地球重量的种群。

显而易见，我们并不生活在大象星球或大肠杆菌星球上。

原因在于，生物群体的生长和数量是有极限的，是受到控制的。

达尔文明显意识到了这一点。他能够理解这一点，是因为可敬的托马斯·马尔萨斯（Thomas Malthus）神父早在 1798 年的标志性著作《人口论》中提出：

不加以限制的种群数量增长是几何级数的……如果有充足的食物与空间条件，我们星球上的物种可以用几千年的时间创建数以百万计的世界。生长需求解释了这一切，地球上资源的有限性超越了其他所有的自然法则，把物种的增长限制在一定范围当中。无论是动物还是植物，在限制法则的约束下，它们的繁殖速度都减慢了。

问题是，这些范围是如何被人为划定的，而对不同物种来说其极限又有何不同？达尔文不知道。这个问题并没有被认真地追溯下去，直到有一个年轻的英国博物学家，在一次对遥远岛屿的探访中遇到了一个类似的问题。他发现一个古老物种的聚居群落被某种神秘力量控制，而这个秘密并没有对人类自然敞开，只有灵光乍现的几次机会能对其一窥究竟。这个青年后来写了一本伟大的书，并开启了自然科学的一个全新领域。查尔斯·埃尔顿（Charles Elton）远没有达尔文或马尔萨斯那么有名，但生物学家熟知他是现代生态学的奠基人。而那个深深吸引他的谜团就是动物种群数量是如何调节的。

北极之旅

"灯塔号"在冰冷的巴伦支海里，迎着惊涛骇浪颠簸前行，乘客里有一位是 21 岁的牛津大学动物学系学生查尔斯·埃尔顿。这艘双桅纵帆船在两天前迎着 6 月极昼的午夜阳光离开了特罗姆瑟港口，向着北极圈外围一个名为熊岛的荒凉岛屿进发。岛上有一座荒山，人们给它起了个非常应景的名字——苦难之山。

埃尔顿本是牛津大学斯匹次卑尔根探险队的成员。这个小队由 20 位具有不同背景的老师和学生组成，他们从事的学科种类繁多，有鸟类学、植物学、地质学和动物学。他们此行的目的是对这个挪威本岛西北侧北极群岛中最大的岛屿展开一次深入的地质学和生物学考察。参与这次行动无疑是极具冒险精神的，他们要穿过暴风雪和冰雹横行的水域，在无人区登陆，并将徒步穿越这座一半被冰雪覆盖的岛屿的大部分区域。更夸张的是，他们当中没有人有过极地旅行的经历。求仁得仁，这样形式的探险和个人考验正是他们想要的。

前往熊岛的航程大概有 500 千米，对于从未离开过英格兰的埃尔顿来说，这是一个巨大的挑战。这艘船是由一条捕鲸船改造而成，船舱里睡觉的地方原来用于储藏鲸鱼脂肪，而且那种陈年旧味根本无法消散，再加上颠簸得令人作呕的航程，这完全就是灾难（如图 2-1 所示）。

图 2-1　1921 年，牛津大学历史上第一支斯匹次卑尔根远征队。自画面右侧数起第五个穿高领毛衣的青年就是查尔斯·埃尔顿，站在他左侧的是文森特·萨默海斯。

Photo from account by C. S. Elton written in 1978–1983. Courtesy of Norsk Polarinstitutts Library,Tromsö, Norway.

其实早在埃尔顿的幼年时期，他就开始深深地为野生生物着迷。他花了大量的时间走遍英国的乡野，观察鸟类和花朵、捕捉昆虫，以及收集池塘中的动物。他从 13 岁开始写日记，记录的都是他所观察和想象的内容。埃尔顿的导师是著名的动物学家和作家朱利安·赫胥黎（Julian Huxley），他的祖父托马斯·赫胥黎（Thomas Huxley）与达尔文是亲密盟友。因为埃尔顿表现出的对博物学的热情和渴求给赫胥黎留下了深刻的印象，他向埃尔顿发出了探险的邀请。留给埃尔顿的准备时间实在太短，因为开船一个月前他的行程才最后确定下来。父亲给了他一些钱，哥哥借给他一双军靴和其他装备，母亲则帮他准备了两个月航行中需要的衣服。在这之前，埃尔顿只有一些简单的露营经验，按照他自己的说法那基本就是"宅男"一个。赫胥黎鼓励埃尔顿前往，并向他的父母信誓旦旦地保证："没什么危险的，最多也就是初级瑞士攀岩的难度，肯定不是登山级别的，真没什么难的。"

但当航行才刚刚进行了 3 天时，这个保证就失效了。46 岁的医疗长官和登山运动员汤姆·隆斯塔夫（Tom Longstaff）是船上最有航海经验的人。看到埃尔顿这副样子，隆斯塔夫感到有必要采取一些措施，便给可怜的埃尔顿灌了大量的白兰地。由于胃里空荡荡的，埃尔顿一直醉得不轻。醉到啥程度呢？当他所在的科考分队 7 人最后在位于岛屿西南部海岸的海象湾登陆的时候，在托运行李的小艇上，他还高高地坐在顶上，旁若无人地放声歌唱。

清醒了以后，埃尔顿加入了伙伴们安营扎寨的工作。他们把营地设在一处废弃的捕鲸站里，外面的空地上铺满了鲸鱼的骨头、海象的骨架、一只北极熊的头盖骨，还有一些北极狐的头盖骨。整个岛的海岸线有 20 千米长。按照计划，这只分队的任务是在 6 周内考察岛的南部，之后和大部队会合，再一起向北航行 200 千米前往斯匹次卑尔根。组内的 4 个鸟类学家专注于观测野生鸟类，而埃尔顿和植物学家文森特·萨默海斯（Vincent Summerhayes）的工作对象是所有的动植物。

鸟类学家们对他们的任务非常热心，特别是探险队的领队 F.C.R. 朱德因（F.C.R. Jourdain）。凌晨 2:30（这里 24 小时都是白天），朱德因叫醒了埃尔顿、萨默海斯和隆斯塔夫，让他们起来工作，他们没有时间可以浪费。隆斯塔夫说："我必须睡足 8 个小时。"这位经验丰富的探险家悄悄地对埃尔顿和萨默海斯说："不要理他。"埃尔顿很快就对隆斯塔夫极为佩服，因为鸟类专家们到这天晚上都已经筋疲力尽了。埃尔顿学会了要时刻留意隆斯塔夫提供的明智建议。

经过一晚休整，埃尔顿和萨默海斯出发了。埃尔顿曾经的梦想就是有一天能亲眼目睹"动物行为不为人知的一面"。现在竟然有机会去人迹罕至的新大陆一窥究竟，他真的兴奋极了。

地处极地寒流和从西而来的墨西哥暖流的交汇处，"苦难之山"所在的整个岛屿时而风雪交加，时而大雾弥漫。岛上的北部地势平缓，几十个湖泊零零散散地分布在岛内，呈现出一片荒凉如月球的景观。岛的南端海岸矗立着一些高高的悬崖峭壁，上面栖息着成百上千的海鸟，其中数量最多的是黑白相间的崖海鸦以及厚嘴海鸦、黑脚三趾鸥和灰色的雪鹱鸟。埃尔顿还发现了小海雀（一种北极海鸟）、角嘴海雀以及北极鸥。

埃尔顿和萨默海斯从营地附近开始考察，然后前往湖泊和其他自然景观。埃尔顿很快就发现萨默海斯虽然身材矮小，却性格坚毅，是个不可多得的伙伴。萨默海斯比埃尔顿大 3 岁，人生阅历丰富，他还参加过第一次世界大战中著名的索姆河战役。正如埃尔顿表现出的对动物探索的热情一样，萨默海斯对极地植物也有着极浓厚的兴趣，在他们的探索之旅中，埃尔顿从他那里学到了很多有关植物的知识。

尽管气候严酷、时间紧迫，他们两人还是完成了对岛上数个动植物栖息地的考察工作。而种群数量的稀少在一定程度上减轻了作业量。比如说，蝴蝶、蛾子、甲虫、蜜蜂、蚂蚁乃至黄蜂什么的，那里统统没有。当地昆虫物种主要是由苍蝇和一种叫作跳虫的很原始的虫类组成的。

埃尔顿有很多收集和保存标本的方法。他用捕捉蝴蝶的网兜捕捉昆虫，在植物下铺一张白纸，然后摇动叶子让上面的昆虫掉在纸上。还有他总知道从哪儿翻开石头就能找到目标。埃尔顿用氰化物杀死昆虫，然后把它们卷进薄绵纸，做好标记，放进盛雪茄的盒子里。至于水栖生物，他把它们装进灌有酒精或福尔马林的瓶子里，用软木塞塞好并用蜡封口。

埃尔顿非常感兴趣的是，让种群在恶劣环境中得以生存的原因究竟是什么。非常明显的一个例子来自大量栖息在海边的海鸟，它们的粪便成为海生植物丰富的养料来源。其他内陆鸟类，比如雪鹀以捕食草蝇为生，而贼鸥则靠偷食其他鸟类的食物和蛋为生。

随着时间的流逝，食物数量逐渐减少，贼鸥已经不是唯一的靠偷食为生的物种了。鸟类学家们经常找来各种鸟和鸟蛋。有一个把蛋壳保存下来的方法是在上面凿个孔，把蛋液使劲从孔里吹出来，而蛋液则做成蛋卷。朱德因有一次吹了好多个蛋，差点晕倒。鸟类呢，去毛以后会被扔进锅里煮来吃。埃尔顿和其他队员惊奇地发现居然有这么多动物可以拿来食用。他在给家里的书信里高兴地描写了海鸠蛋早餐，还有"用管鼻藿、绒鸭、长尾鸭、紫矶鸫、雪鹀、蔬菜和大米炖成的一锅汤"等匪夷所思的事。

在原本计划的登陆时间要结束时，突然刮起的一阵大风使船只无法安全靠岸。隆斯塔夫意识到他们得在那里待上更长一段时间，同时还需要给在特罗姆瑟港待命的"灯塔号"发送消息。最终决定是埃尔顿和他一起出去完成这个艰巨的任务（出于安全因素考虑，探险的一个基本原则是保持两人出行）。他们首先需要去位于岛的东北角的一处矿山上的无线电站发报。这段11千米、时长4小时的徒步十分艰苦，他们要迎着暴风雪登上矿山，然后再用4个小时踏过刀锋一样尖利的石头和泥泞的地面返回营地。

天气恶劣，暴风雪横行，面包在逐日减少，连黄油也快告罄，而且埃尔顿的军靴早在第一周就基本上报废了，但是他觉得熊岛上的生活"十分有趣"。

不算太坏的是，与狂风对抗了 4 天之后，船顺利返回熊岛，解救了埃尔顿和他的伙伴们，这比预期的时间仅仅晚了几天而已。然后整个探险队向更北方的斯匹次卑尔根进发。这段旅程同样充满了危险，他们径直驶入了另外一阵狂风之中，同时被风推向他们航线的还有那些危险的淡绿色冰川。

暴风雪终于平息下来了，"灯塔号"继续驶向斯匹次卑尔根的西海岸。在行驶到 450 千米岛长的一半时，"灯塔号"转向了蔚蓝的冰峡海域。这时厚厚的云层突然全都散开了，展现在他们面前的是一幅令人窒息的全景图：锯齿状的冰雪覆盖的山峰，闪着微光的冰川沿着纯白色的山谷蜿蜒入海，一头鲸鱼突然开始喷射水柱，接着一群海豚跃出了镜子一样的水面，还有一排海燕和海雀贴着水面极速飞掠。

斯匹次卑尔根超过 320 千米的宽度，给科考队带来了无限的机会和挑战。埃尔顿首先在主岛以西的一个名为查尔斯王子角的小岛上登陆，他与萨默海斯在那儿考察了 10 天。隆斯塔夫帮埃尔顿在一个 11 千米长的大湖边搭了个帐篷，这个湖有一半被冰覆盖，上面躺满了懒洋洋晒太阳的海狮。回到船上之前，隆斯塔夫嘱咐埃尔顿一定不要闯入大湖的冰面。埃尔顿知道隆斯塔夫的习惯：重要的事情只说一遍，如果你忘了，你就等着犯错误吧。

才过了 9 天，埃尔顿就把隆斯塔夫的话给忘了。那时他正与地质学家 R. W. 赛格尼特（R. W. Segnit）在湖边的冰面上散步，突然浮冰碎裂，他一脚踏空，就掉进了冰冷的湖水里。他的帆布背包让他再次浮了起来，他一点一点地爬了上来。然而，刺骨的寒冷袭来，神志也出现片刻的空白，再加上还戴着护目镜，埃尔顿并没有意识到他已经上了岸，就在他又要一脚踩回水里的瞬间，赛格尼特拽住了他，否则他可能就真的溺水了。由于体温过低引起了剧烈的肌肉颤抖，埃尔顿牙齿打着颤，总算挨到了回营。两天后他们出发前往主岛，在一个叫作克拉斯·比伦的海湾停留了很长时间。

　　虽然比熊山更靠北，冰雪覆盖面积也更大，斯匹次卑尔根的夏季却更加温暖宜人一些（有些天甚至能达到 10 摄氏度以上），至少在不下雪的天气里是这样的。埃尔顿充分利用了这种自然条件，就极地动物的适应性进行了实验。为了弄清楚它们是如何在这种气候条件下生存的，以及什么样的自然环境适合它们居住，他拿甲壳动物及其卵作为实验对象，着重考察了它们对于冷冻过程、解冻过程以及不同浓度海水的耐受力（如图 2-2 所示）。

图 2-2　1921 年，查尔斯·埃尔顿在斯匹次卑尔根的布鲁斯城研究池塘生物。

Photo from account by C. S. Elton written in 1978–1983. Courtesy of Norsk Polarinstitutts Library, Tromsö, Norway.

埃尔顿发现斯匹次卑尔根岛上的鸟、植物和昆虫种类与熊岛上的情况十分类似，只是多了一些大型哺乳动物的痕迹，包括两种北极狐、鹿角可脱落的驯鹿，还有海豹。他们甚至还偶遇了北极熊。那是一个普通的清晨，所有人都正常地忙碌着，锅里煎着的培根散发出阵阵香味，突然从营地里发出了一声尖叫："北极熊！"

真是无法想象这位不速之客是怎样穿过冰川与河谷才来到这片海湾的。但是营地已经被它发现，在别无选择的情况下，人们无奈地击毙了它。身为动物学家的埃尔顿把尸体从外到里彻底检查了一遍，他非常遗憾地表示没有发现任何寄生生物。

经历了两个多月的荒原生活与收集工作之后，埃尔顿的极地探险员称号之前又不得以地加上了"素食"二字。他把收集的样品与装备打包进了 23 个箱子，亲自把它们运到船上，之后扬帆踏上了归途。

食物链

顺利返回牛津之后，埃尔顿与萨默海斯集中了考察得到的所有数据。极地生物物种的贫瘠似乎让所有人感到失望。然而，埃尔顿却敏锐地意识到，极地地区相对贫乏的生物多样性非但不是缺点，反而恰恰提供了一个非常宝贵的机会，让他在相对简单的结构中解析整个生态系统中不同种群间的交互关系。谜团就要解开了。

以往的博物学家们认为，生态系统是作为整体存在的，或者说是不同种群的简单集合。埃尔顿对此却另有看法。很显然，食物在极地岛屿的生态系统中，是最重要的一环。将食物作为出发点，埃尔顿追溯了极地生态环境中所有物种的食物来源。

岛上的生态环境十分恶劣，因而食物也非常稀缺，但是在海里不是这样，埃尔顿把目光投向了海洋。海鸟与海狮是以浮游生物以及鱼类等海洋生物作为食物来源的，海鸟又是北极狐（以及贼鸥和北极鸥）的捕食对象，北极熊成了海狮的终结者。上述这些关系网络正是埃尔顿提出的"食物链"的雏形。

在荒原上，情况比较复杂，有更多的物种通过食物链被连接起来。海鸟的粪便中含有氮元素，可以被细菌吸收并滋养植物，植物为昆虫提供食物，而昆虫与植物同时也是陆地上松鸡与矶鹬的食物，后者则成为北极狐的盘中餐。以这种方式，一个生态系统中存在的所有食物链最终会以某些形式连接在一起，形成一个大的网络，埃尔顿称其为"食物循环"，后来更名为"食物网"。埃尔顿将这些食物链与网用画图的形式表示出来，于 1923 年首次发表，同署名的还有萨默海斯（如图 2-3 所示）。

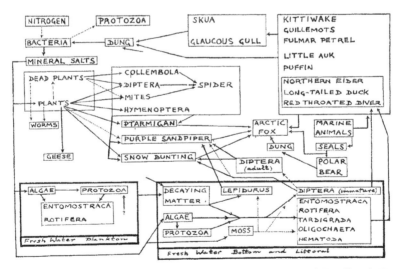

图 2-3　熊岛上的食物链关系图。查尔斯·埃尔顿的第一份手绘食物网络示意图。
　　　　正确阅读该图的方法是，从左上部的氮气和细菌出发，这些路径最终都终
　　　　止于北极狐。

From Summerhayes and Elton (1923).

为什么“旅鼠年”的北极狐特别多

埃尔顿在学术上的声誉越来越高，同样引起人们注意的还有牛津大学的探险远征队。1922 年，埃尔顿本科毕业。1923 年，他成为一名牛津大学的讲师。同时，在新一轮的以斯匹次卑尔根为目标的探险行动中，他被任命为首席科学家。

对于当年只有 23 岁的埃尔顿来说，这个责任似乎有些重大，然而在牛津大学这样的事已经成为惯例。极地探险本质上说是年轻人的事业，并且埃尔顿所在的探险队可谓群星闪耀。他们当中的很多人陆续在各自的领域中都展现了出众的才华与非凡的勇气。第一次探险远征队的组织者是乔治·宾尼（George Binney），当时他只有 20 岁，还是个本科生。宾尼继续在 1923 年及 1924 年主持了规模更大的探险远征。他在二战战场上表现英勇，曾经组织部队冲破德军在瑞典的封锁区，之后因战功卓越被授勋。

1923 年的探险队里还加入了 21 岁的安德鲁·欧文（Andrew Irvine），他在此次探险结束的第二年尝试攀登珠穆朗玛峰，然而他最终消失在距离顶峰仅几百米的高度，与他一起的还有乔治·马洛里（George Mallory）。医疗长官隆斯塔夫是人类历史上征服 7 000 米以上高山的第一人，随后又走遍全世界攀爬高山。1924 年的队伍里，医疗长官是时年 25 岁的来自澳大利亚的罗德学者霍华德·弗洛里（Howard Florey），亦是埃尔顿帐篷里的“常客”。他和其他几位学者在第二次世界大战中发明了青霉素，并因此分享了 1945 年的诺贝尔生理学或医学奖。

1923 年的探险队，从组成到目标都是全新的。宾尼期望的是一支短小精干的队伍，最终探险队的成员锁定在 14 人，其中 7 人是科学家，剩下 7 个“打下手”，包括打猎、摇桨，以及机械维修。“灯塔号”此次的目标是人迹罕至的东北地岛，是斯匹次卑尔根岛的姐妹岛屿。这个岛屿距离斯匹次卑尔根很近，却因其恶劣的地理及水文条件将大多数人拒之门外。"灯塔号"被东北地岛周围的厚厚冰层挡住了，当它试图强迫冲出海峡时，推进器也因冰层损坏了。处于半瘫痪状态的"灯塔号"被浮冰推着又漂回了大海，上岛的计划自此搁浅。

然而，对埃尔顿来说，这次旅行并不是完全失败的。返回英格兰的途中，"灯塔号"再次停靠在了特洛姆瑟港。埃尔顿来到书店闲逛，他的目光被一本讲述挪威境内哺乳动物的大厚书吸引了，书名叫《挪威哺乳动物》（*Norges Pattedyr*），作者是罗伯特·科利特（Robert Collett）。埃尔顿并不认识挪威语，然而在好奇心的驱使下，他鬼使神差地从身上仅剩的 3 英镑里拿出 1 英镑，买下了这本书。正是那本书，被埃尔顿宣称"改变了我的生活"。

返回牛津之后，埃尔顿找了一本挪威语词典，不厌其烦地逐字逐句翻译了一部分内容。其中有大约 50 页的内容与旅鼠有关。旅鼠外型与豚鼠相似，只是略小。埃尔顿从未见过这种动物，但是很快就对它们着了迷。科利特在书中曾经对触目惊心的"旅鼠年"进行了描述：有些年份的秋天，斯堪的纳维亚半岛上的高山与苔原上会出现数量惊人的啮齿类动物集体迁徙的情景，其景象之壮观，令见过的人们都感到震撼，而相关的记述可以上溯至几个世纪之前。

埃尔顿收集了资料，对旅鼠爆发的年份进行了图表分析，发现了其每隔三四年就会爆发的规律。根据资料他绘制了一幅地图，发现斯堪的纳维亚半岛上不同地区、不同种类旅鼠的迁徙行为似乎都发生在相同的年份。那天，他在自己位于牛津大学校园一栋老建筑内的格子间办公室里，目不转睛地盯着铺满了地图的地板，一待就是几个小时。直觉告诉他，肯定有什么东西被他错过了。灵感到来时他正坐在马桶上，毫无预兆地犹如闪电划过夜空般，他瞬间就想通了。正如阿基米德在浴缸里发现了浮力，埃尔顿在马桶上想到了旅鼠的数量暴增是周期性的。那个时代，动物学家们一致认为动物的种群数量都是大致稳定的。埃尔顿意识到这个结论可能是错误的，动物种群数量的波动性可以非常大。

紧接着，埃尔顿想搞清楚这是不是一个普遍现象。虽然并没有报告显示加拿大的旅鼠也存在迁徙行为，埃尔顿却能够从食物链的角度出发，推断出这个事实的存在。有一本加拿大博物学家撰写的书籍，其中描述了一些动物的种群波动现象，包括北极狐。事实上加拿大旅鼠是北极狐的食物来源之一。哈得孙贝公司是一家从事动物皮毛交易的公司。埃尔顿从这家公司取得其每年收获的狐皮数据，并发现狐皮与旅鼠之间存在很高的相关性，那些狐皮数量到达区域性顶点的年份与挪威的"旅鼠年"高度重合。

埃尔顿的食物链理论还在不断得到印证。旅鼠也是鸟类的捕食对象。埃尔顿陆续发现了挪威南部的短耳鸮数目常常在"旅鼠年"达到峰值，与其具有同样特性的还有短耳鸮的捕食者——游隼。

作为被捕食对象，旅鼠并不是唯一的数量会波动的种群。埃尔顿发现加拿大兔（美洲兔）的种群数量也是波动的，基本上每10年会出现一次峰值，之后迅速回落。这种兔子是加拿大山猫最喜爱的食物。博物学家们曾这样描述加拿大山猫的食性："它们以兔子为生，跟着兔子跑，满脑子都是兔子，甚至尝起来也像兔子。兔子多的年份它们也繁荣，兔子少的年份，它们就饿死在没有兔子的树林里。"哈得孙贝公司最喜欢收购的产品之一就是加拿大山猫的皮毛。幸运的是，该公司完整地保留了自1821年起全部的皮毛交易记录。当把这些数据以图形表现出来，你就会发现，皮毛交易量也存在10年轮回，且时间上与兔子的数据完全重合（如图2-4所示）。

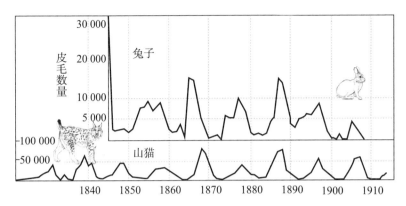

图 2-4　加拿大北部的山猫与美洲兔数量以 10 年为周期的变化。埃尔顿用哈得孙贝
　　　　公司的资料做研究,发现山猫与美洲兔数量的涨跌均基本以 10 年为一周期。

From Elton (1924).

埃尔顿认为, 这种周期的存在为揭示动物生态圈神秘的运作方式带来了
一丝曙光, 至少证明了动物种群数量在不受任何限制的前提下, 可以爆发出
惊人的增长动力。出于同样的考虑, 旅鼠及美洲兔的数量在爆发之后骤减,
揭示了外部作用力的存在, 譬如流行性疾病等, 这些外力可以迅速使种群数
量减少。并且, 这些周期也显示了以食物网为媒介, 单种群数量变化是如何
影响到其他种群的。

简而言之, 类似周期的存在表明, 动物种群数量是受到很多因素调节的。
埃尔顿于 1924 年完成了《动物数量的周期性波动》(*Periodic Fluctuations in
Numbers of Animals*) 的初稿。他并不清楚的是, 这篇 45 页的文章日后会成
为新晋学科生态学的奠基石。年轻的科学家接下来做的事情, 就是为其筑基。

民以食为天

1926 年, 埃尔顿曾经的导师朱利安·赫胥黎开展了一项工作, 他把许多
生物小故事集结成册, 想以系列丛书的形式发表。他非常热情地邀请当时的

前沿人物来撰写这些书籍，包括那些专注于全新甚至是仍处于萌芽阶段的理论的思想者们。埃尔顿当时只有 26 岁，然而三次极地探险经历以及他论文中表现出的原创性思想，都足以让赫胥黎向他伸出橄榄枝。埃尔顿应邀撰写一本关于动物进化理论的短篇。

埃尔顿全身心地投入了这件事。在靠近牛津大学博物馆的寓所中，他几乎每天都从晚上 10 点工作至凌晨 1 点，他仅仅用了 85 天就完成了这本书！虽然是快速完成了工作，但《动物生态学》（*Animal Ecology*）无论在内容还是形式上都堪称经典。此书共 200 页，内容引人入胜，娓娓道来，充满了生动形象的类比。各篇章之间逻辑紧密，紧紧围绕中心思想展开叙述；同时也留足篇幅介绍了一些新生态科学中的有趣故事。

埃尔顿说，他的书"主要是从动物的社会经济学角度出发"，把人类社会与动物种群做了仔细的比较研究。埃尔顿这样组织了他的语言："非常明显，动物也能够组成复杂的社会，就算与人类做比较，动物社会也同样精彩，同样让人充满了探索的欲望。并且在这一切背后，你还能够发现经济学法则的影子。"这种类比结论深深地根植于生物学理论当中。18 世纪伟大的博物学家卡尔·林奈（Carl Linnaeus），与比他晚一个世纪出生的同样伟大的达尔文，他们都是"自然经济学"理论的拥趸。其寓意在于，与人类社会类似，动物群落是由生活在不一样的环境中、扮演不一样角色却又相互影响的生命组成的。

"诚然，对发现动物界的普适定律，刚开始我们并不抱以希望。"埃尔顿对环境标本进行了深入研究，正如他在极地考察中所采用的方法那样。"我发现了一些可以将动物种群分解成小块的原理，它们的运用导致很多显著的困难都奇迹般地消失了。"

这些原理的原发地，正是埃尔顿特别强调的食物与食物链。他把食物比喻成动物社会经济中的"现金"。埃尔顿主张："对任何动物而言，最基本的动力都是找到充足的食物。食物最容易引起动物社会当中的争端与冲突，而动物社会的结构与社会活动都是以解决食物供给问题为先决条件的。"埃尔顿在该前提的基础之上，以中国古老谚语的形式总结了每一条发展出来的原理。

食物链　大鱼吃小鱼，小鱼吃虾米，虾米吃烂泥。

在多种族生存的生态系统中，食物链的存在形成了某种"经济联系"。捕食与被捕食的关系将所有的动物联系在一起，植物则处于整个食物链的底层。在埃尔顿的假说里，食草动物处于动物社会中的底层，以它们为食的食肉动物则处于更上游的地位，食肉动物的捕食者们再逐级向上，直到出现没有天敌的某物种，食物链才会结束。

埃尔顿认为，食物链的结构与不同层级上物种的体积大小有关。

食物的体积　老鹰不会与小鸡抢食吃。

埃尔顿主张食物的体积是决定食物链结构的重要条件。被捕食对象的体积太大会导致捕食难度增加，体积太小则难以提供足够的能量来维系生命活动。例如，食肉动物的种群一方面受到该物种捕食能力的限制，另一方面也与它们能否获得足够的食物资源有关。

这种体积因素会对食物链中处于不同层级的动物数量产生巨大的影响。

数量的金字塔　一山不容二虎。

埃尔顿注意到，处于食物链底端的生物数量总是很多，而顶端生物如老虎，其数量往往十分稀少。通常可以观察到的现象是，处于食物链两极的生物数量有着巨大差别，顺着食物链层级往上呈现逐级递减的趋势。埃尔顿称之为"数量的金字塔"。

他举了英国橡树林的生态环境作为例子，其典型生态的组成包括：数目庞大的植食性蚜虫，蜘蛛与步行虫科作为蚜虫的捕食者仅仅是数量繁多，再上一层的小型鸣鸟数量只能说是平平，处于最顶端的老鹰仅有一两只。另一个例子是埃尔顿在北极地区获得的第一手资料，大量的甲壳纲动物为鱼类提供养料，海豹作为鱼类的捕食者，又会遭到北极熊的猎杀。埃尔顿断言，类似的金字塔存在于所有的动物生态系统中。

数量的金字塔说明，动物的区域性数量平衡是存在的。一个更为关键的问题是，这种种群密度的保持是如何实现的？动物种群如何在过量增长与濒临灭绝两种极端之间寻找平衡？埃尔顿认为，大体而言，数量扩张受到上层捕食者、病原，还有食物供应的限制。捕食对象数量锐减会对捕食者的捕食行为造成压力，捕食者会应激转向第二或第三选择，捕食对象得以休养生息。这就是自然界中种族灭绝不会轻易发生的原因。

埃尔顿对动物种群数量调节过程的描述，与坎农对内稳态的理解有相通之处，即某水平线上的维持依靠的是作用力与反作用力的相互角力。埃尔顿并没有使用这个概念，直到坎农将其思想宣之于世，之后的生态学家们才将其推广开来。

埃尔顿认为，动物数量的调节机理，在理论与实践中都具有重要意义，这部分内容在他的书中占了 1/4 的篇幅。同时他也承认："必须在广义上指出的是，目前我们所了解的调节法则实在很少。"

该书出版之后，生态学家们受到鼓舞，纷纷踏上了寻找这些调节法则的道路，正如当年在坎农的号召下，生理学家们才开始积极探索人与动物体内的调节过程一样。

我们的新征程就要开始了。

不过在此之前我还想提一件小事，埃尔顿的新书曾在意想不到的地方激发了人们的想象。埃尔顿曾在科利特的书中读到过，"旅鼠年"到来之时，庞大的旅鼠军团会疯狂地冲下山坡。他在《动物生态学》中是这样描述的："旅鼠的疯狂行为通常发生在夜晚，它们会迁徙上百英里的距离，最后到达海边，义无反顾地跳下去。它们一直游啊游，直到死亡。"这事实上是埃尔顿读过科利特的书后，想象延伸的结果。他毕生从未见过一只旅鼠及其任何迁徙行为，更别说如此触目惊心的自杀行为。

人们的好奇心持续发酵，1958年迪士尼拍摄的一部长纪录片《白色旷野》（*White Wilderness*）当中，也描述了旅鼠的集体自杀行为。解说员的画外音声情并茂："每只老鼠都因充满欲望而变得疯狂，继而歇斯底里到不可自控。"然后观众看到旅鼠从高高的悬崖跳入海中的情景。非常抱歉，那些动物都是被电影导演扔下悬崖的。

颇具讽刺意义的是，这部电影后来一举获得了某学院奖。

THE
SERENGETI
RULES

第二部分

生命的逻辑

在分子层面上，正向调节、负向调节、双重负向调节和反馈调节机制无处不在。胆固醇是细胞膜的重要组成部分，在生命活动中起重要作用。但过高的胆固醇含量，会引起严重的心脑血管疾病。过高的胆固醇含量是由于胆固醇调节系统出了问题。从本质上看，癌症也是一种与调节有关的疾病。

> 在大肠杆菌中发现的事实，同样适用于大象。
>
> ——雅克·莫诺和弗朗索瓦·雅各布

埃尔顿的工作总结了动物数量的调节法则在自然界及实践领域的重要性，而坎农阐述了生理调节对于动物和人类健康的重要性。这些都是意义非凡的成就。然而，这两项工作本身，都不能正确解释在宏观生态系统里或是单个生命体内，某种物质的数量是如何被精确调节的。

关于"解码调节法则"这项工作，生态学家与生理学家所面临的挑战大不相同。对埃尔顿及其"同部落"的人来说，其工作对象大多是生活在固定区域的肉眼可见的动植物。但是，生态学研究是一项基于观察与描述的工作，生态学研究人员缺乏的是有效的研究手段。

与之相反的是，坎农及其同僚恰恰对设计实验十分在行。但是在 20 世纪 30 年代，生理学研究极大地受限于在人体组织与器官水平上的临床观察。而生理学真正的研究对象却都存在于肉眼不能观察到的、难以分离和鉴别的分子水平之上。

简而言之，生态学的发展受限于研究手段，生理学的发展受限于研究工具。

在接下来的 3 个章节中，我将讲述一些生理学的重大发现。这其中，有的发现是普适规律，也有针对性很强的特异规律。很有意思的是，第一个突破来源于对一种无躯体生物的研究，它们是一种生活在人类消化系统里的微型细菌（见第 3 章）。这项开创性工作的重要性毋庸置疑，虽然仅仅是一项细菌内的发现，后来却被证明是一种普遍存在于各种微生物，甚至是人体中的重要调节机制。正是沿着前辈们披荆斩棘开辟的道路，一些人类特异的生理过程才得以被层层剥解，例如第 4 章中将讲到的胆固醇的新陈代谢过程，以及第 5 章中涉及的细胞的生长繁殖过程。这些发现的结果，带来了生命科学领域真正的革命。而这些成就，远远超过了坎农的视野及想象的极限。

除此之外，还需要特别指出两点。首先，这些实验结果进一步加固了分子生物学家弗朗索瓦·雅各布（François Jacob）提出的"生命的逻辑"的概念。其本意在字面意思上当然是成立的。其基于生命个体的衍生假设依然成立，这种假设与坎农提出的"身体的智慧"有异曲同工之妙。我相信，深刻理解这一逻辑，能够极大地提高我们对于生命体工作方式的认知。

还有一点也非常重要，决定了本书内容的布局与写作方式，即类似的规则与逻辑在宏观生态学领域依然适用。在本书的第三部分，我将循序渐进地讲到一些特定的生态学法则。而现在提出这个概念，是为了让读者们在接下来几章的阅读中有意识地注意到这两者之间的相似性，将阅读的重点放在两者之间的比较上，而不是仅仅关注每个独立故事的细节。

THE
SERENGETI
RULES

03

调节的普适法则

> 细胞严格地按照需求调整工作方式，它们只有在必要
> 时工作，并拒绝一切额外负担。
>
> ——弗朗索瓦·雅各布

英国并不是唯一对极地探索感兴趣的国家。在 20 世纪初，世界上有数个国家向南极和北极地区派出了科学探险队。它们当中，有的是出于经济与国家策略的考虑，有的是为了捍卫国家荣誉，仅有少数情况下是真正以对科学的好奇心为出发点的。

1934 年 7 月 11 日，法国三桅帆船普夸帕斯四号（字面意义：为什么不？）驶离了位于诺曼底海岸的圣马洛，向着格陵兰岛的冰封海岸进发。此次探险的领队是著名的极地探险家让 – 巴普蒂斯特·沙尔科（Jean-Baptiste Charcot）。他本是医生出身，中途放弃事业，最终使他声名鹊起的却是两次法国政府资助的南极科学考察行动。两次参与行动的船只分别是 1903—1905 年的法兰西号，与 1908—1910 年的普夸帕斯号。沙尔科在到处是冰、暴风雪及零下40 摄氏度的恶劣天气里，捱过了极地漫长的黑夜，克服了无尽的困难，最终发现了新大陆，并绘制了超过 2 900 千米的海岸线与岛屿图。他不仅成了国家的英雄，同时也赢得了同行们的尊重。第一次世界大战结束后，他又将目光投向了北极。此次航行是这位 67 岁老人的第 25 次极地探险，也是他第 10 次造访格陵兰岛（如图 3-1 所示）。

图 3-1　1934 年，普夸帕斯号在格陵兰岛。
Photo by Jacques Monod, © Institut Pasteur/Archives Jacques Monod.

　　船上的 33 名男船员全部是志愿者。还有 6 名在校大学生，他们其中 4
人会在安马赫夏利克村下船，作为"人种志"学习的一方面，他们要与当地
的因纽特人生活一年。剩下的两人将在船上及沿岸展开科学考察，24 岁的雅
克·莫诺（Jacques Monod）就是其中之一。

　　莫诺在法国著名的港口城市夏纳长大，是个有经验的帆船手。尽管如此，
与沙尔科的其他船员相比，他还是显得很业余。他对即将面临的风险一无所
知。这位年轻的动物学家放弃了在巴黎大学的科研工作，就是为了加入沙尔

科的探险队，参加这次为期两个月的北极探险之旅。他的工作性质与埃尔顿及牛津大学的探险队非常类似——收集标本。

离开法国后的第 12 天，他们的船在法罗群岛停了下来。完成对热水器的维修后，普夸帕斯号驶向冰岛，并在那里补充了煤炭之后就向格陵兰岛进发了。莫诺对沿途海里的浮游生物进行了采样，包括小的甲壳纲动物、海蠕虫及其幼虫。他所做的就是只站在甲板上拉拉渔网而已。越向北温度越低，越来越多的冰出现在水面上。当船靠近格陵兰岛东部海岸的斯克斯比湾时，厚厚的冰层封锁了它前进的道路。整整 5 天，普夸帕斯号艰难地前进着，一面靠着瞭望员寻找转瞬即逝的冰缝，一面由一名船员在船尾处推开那些可以随时损毁推进器的巨大冰块。

等到终于上了岸，留给莫诺去收集海洋生物物种的时间只剩下了 3 天，之后他们将立即前往昂马沙利克。为了收集岩石与矿物标本，莫诺和一位同伴出发了，他们的目标是翻越环绕冰峡的山峰。他在给父母的信中这样描述了当时的心情："这里有无数壮美的奇景，我的天啊，我是多么希望你们也能感受这份摄人心魄的力量啊！"

船上的煤炭日益减少，普夸帕斯号急需返回冰岛补给。然而，突然变化的天气让情况变得糟糕起来，狂风卷着暴雨不期而至。由于煤炭已经消耗殆尽，沙尔科下令不惜代价继续前进，哪怕这意味着要在能见度极低的情况下绕行冰川。幸运的是，所有船员的齐心努力让他们到达了雷克雅未克（冰岛首都），在那里得到了补给，之后安全地返回家乡。

莫诺将他的观察笔记与标本大致整理了一下并发表出来，然而他并没有成为一名极地生物学家。两年以后，他再次收到邀请加入普夸帕斯号前往格陵兰岛的第二次征程。莫诺本来很想参加此次航行的，但是在最后一刻他改变了主意，决定去加州理工学院学习遗传学，师从诺贝尔奖获得者托马斯·亨特·摩尔根（Thomas Hunt Morgan）。

后来发生的事证明，这是一个非常幸运的决定。1936 年 9 月 15 日，在格陵兰岛卸下货物之后，普夸帕斯号又一次停靠在了雷克雅未克，它静静地等待着一场暴风雨过去，接着就载着船员们踏上归途。然而，仅仅过了几个小时，它就被一场猛烈的暴风雨困住了。9 月 16 日清晨，船头与船尾的桅帆都已变成了碎片，无线电天线也被船头的三角帆砸坏。整条船基本上已经处于瘫痪状态，只能随波逐流，最后撞上了礁石，彻底沉没。除了一人幸免于难，沙尔科及 43 名船员皆葬身于冰冷咆哮的海水中。

莫诺的幸运随后也被证明是生命科学领域的一大幸事。虽然他在加利福尼亚州还默默无闻，但这并不影响他日后成为分子生物学领域的奠基人之一。他与合作者们共同努力，在分子水平上解码了一些最基本的生命调节法则，这些发现最终引导他再次北上，而此次的目的是去斯德哥尔摩领取诺贝尔奖。

在那之前，他也经历了一场漫长而令人绝望的"暴风雨"。

一段插曲

从加利福尼亚回来之后，莫诺回到巴黎，在巴黎大学继续开展研究工作。他希望找到一个有意思的课题大干一场，同时借以完成博士论文。

当时生命科学领域的话题还是围绕着一些简单问题展开的，实在是因为人们对于细胞内部的活动一无所知。人们已经在显微镜下观察到了细胞分裂繁殖，并认为这是细胞的标志行为之一。随之而来的问题颇具埃尔顿的风格：

什么养分是细胞生长繁殖所需要的？又是什么决定了细胞的数量？

在去加利福尼亚之前，莫诺已经开始着手进行一些相关实验。然而，他最初选取的实验对象是一群在实验室条件下生长十分缓慢的单细胞原生动物，它们显然不能胜任模式生物的角色。在就职于巴斯德研究所的微生物学家安德列·利沃夫（André Lwoff）的建议下，莫诺改用培养条件下可快速生长并繁殖的细菌进行实验。

在此之前，研究人员都会使用成分不清的培养液进行细菌培养，如磨碎的牛脑。莫诺做出的第一项改进，即使用组成成分清晰的营养液。这样，通过增减每种营养成分及这些营养成分的组合，他就能够系统地考察每种营养成分在细菌生长过程中的作用与影响力。通过实验，他明确地指出，细菌的生长与营养液中含有的碳水化合物存在比例关系，具体到实验当中，这就是特指某一种糖，可能是葡萄糖，也可能是甘露糖。这个现象映射了存在于营养条件与细胞生长之间的一种非常简单的关系：细菌摄取可以获得的食物，并用于自我复制。

1939 年夏天到来之前，在莫诺的工作渐渐有了起色时，欧洲又一次被战争的流言击中。与很多法国人一样，莫诺并不认为战争会真的发生。1939 年 8 月 31 日，莫诺还在给父亲的信中这样写道："不会有战争了。希特勒……非常清楚这样做的代价是什么。"然而就在第二天，德军入侵波兰，并同时向英国与法国宣战。

法国与德国之间的战争并没有立即爆发，几天过去了，几个星期过去了，甚至几个月过去了，一切还维持着表面上的平静，底下却暗流涌动。由于莫诺已经 30 岁，一旦战争爆发，他就只能被派去做一些无聊的后勤工作。但他不想让自己的科学天赋被埋没，他希望自己有一席用武之地。最终他决定离开巴黎大学，应征入伍，想成为一名通信工程师。

就在莫诺刚刚完成初期训练时，1940 年 5 月 10 日，德军向荷兰、比利时和法国北部发动了大范围进攻。几天之内，法国军队就被打得溃不成军。莫诺所在的团甚至都没有能离开营地一步，战役就已经结束了。莫诺的好运又一次庇护了他，他并没有被俘。法国投降之后，他返回德军占领的巴黎继续工作。

细菌都爱吃什么

30 岁的年纪对于一个研究生来说，已经不小了。莫诺急于找到一个课题去完成他的博士课业。为了弄清细菌繁殖与培养液当中糖的关系，他做了大量的实验。1940 年秋天，他开始改变实验条件，用不同种类糖的组合取代单种糖分，以期看到一些不同寻常的结果。

通过对细胞浓度的检测及绘图，他发现这些曲线大多与之前仅用一种糖做实验时得到的曲线并没有什么不同。这些曲线都呈现出明显的三个阶段，短暂的缓慢生长期之后即进入细胞以几何倍数增长的快速生长期。细胞数量每 30 ~ 60 分钟就会翻倍，最后到达平稳期，细胞浓度不再发生变化。但是，也有例外。某些不同糖的组合会使曲线形状发生变化，原本的快速增长期被分成两段，第二段当中又包含了一个短暂的缓慢生长期（如图 3-2 所示）。

莫诺感到十分迷惑，他向利沃夫展示了"两段式生长曲线"。利沃夫犹豫着说出自己的想法："这可能跟酶的适应性有关。"

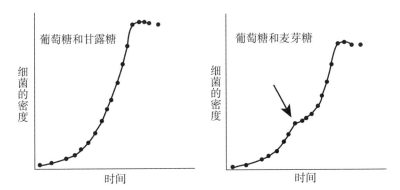

图 3-2　雅克·莫诺的两段式生长曲线。左侧是细菌在含有葡萄糖与甘露糖的培养
　　　　基中的生长曲线，右侧是细菌在含有葡萄糖与麦芽糖的培养基中的生长曲
　　　　线。起初两者都是呈现指数级生长，右侧曲线在中间曾短暂地滞留于平稳
　　　　期（箭头所指位置），之后再次恢复指数级生长。这个平稳期以及第二段生
　　　　长曲线成为莫诺的理论成立的基础，并且，他在有生之年真的即此获得诺
　　　　贝尔奖。

Figure drawn by Leanne Olds based on original data in Jacques Monod's laboratory notebooks.

莫诺的回答是："酶的适应性？从没听说过啊！"

利沃夫找来了几篇早年的论文，讲述的都是细菌或酵母细胞如何适应生
长环境的过程。当新的营养物质加入的时候，细菌或酵母细胞就会"制造"
出可以降解该种成分的酶来。神奇的是，简单的单细胞生物居然能够针对特
定的化学物质生产出对应的酶来，这其中的原因的确是个谜。从那时起，莫
诺就下决心一定要解开这个谜团。

莫诺发现，第二段生长曲线是否出现与生长环境中提供的糖的种类直接
相关。这一点似乎说明，细菌对糖的选择是有倾向性的。它们天然地就可
以摄取某些种类的糖，而对其他糖类成分，则需要花时间制造出相对应的
酶来。他就此假设，两段式生长曲线的出现，是因为细菌首先消耗的是原
生就能适应的糖类，直到这种糖被消耗完，细菌才会转向其他次优选择的
糖类。

为了证明这个假设的正确性，他调整了所加入糖分的比例。他的理由是，如果细菌对不同的糖类存在选择性，那么在含有不同比例的糖的培养液里生长的细胞，其第二生长曲线出现的时间点会随着比例的变化而变化。实验结果与他的假设完全吻合（如图 3-3 所示）。

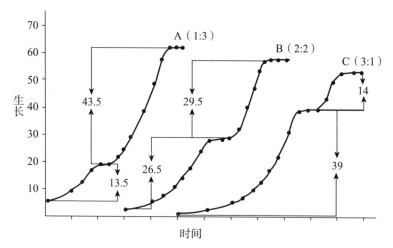

图 3-3　两段式生长曲线的前段与后段曲线之间的比例取决于两种糖分的比例。莫诺在实验中尝试了两种糖分的比例梯度，分别是 1:3，2:3 和 3:1，随着第一种糖分的比例升高和第二种糖分的比例减少，头段曲线长度逐渐增加，后段曲线则逐渐缩短。这表明，细菌首先消耗的是第一种糖，之后才是第二种。

From Monod (1942), modified by Leanne Olds.

利沃夫惊叹于莫诺在实验设计方面的天赋，这几乎表现在莫诺的每一次实验与探索当中。巴黎大学最终授予了莫诺博士学位。令人遗憾的是，他的课题委员会当中的一位成员却宣称"巴黎大学对莫诺的研究方向一点都不感兴趣"。

莫诺希望能够继续研究细菌在"第二生长期"针对某些糖分产生的酶。正在他准备大干一场的时候，他又一次不得不中断了研究工作。德军的占领仍然在继续，巴黎的气氛变得越来越紧张，莫诺的妻子奥黛特（Odette）是犹太人，对她来说这里更非久留之地。她带着孩子们来到了法国南部相对安全的地区。莫诺早就预见到，当盟军打回来的时候，法国必将成为正面战场。他决心投身战斗，于是加入了巴黎最富有战斗精神的抵抗组织"游击队员"（简称 FTP）。

莫诺的工作主要是负责收集情报以及协调盟军空投武器。曾经有好几个月，莫诺都过着双面人的生活，他既是巴黎大学的科学家，又是抵抗组织任务的执行者。为了躲避搜查，他甚至往实验室门口的长颈鹿标本的腿里塞过情报。随着德军的搜查力度越来越大，莫诺所在抵抗组织的一些上级与同事被捕后惨遭折磨，巴黎大学和家里也都变得不安全了。此时利沃夫伸出了援手，他在巴斯德研究所向莫诺提供了避难场所，在那里他又继续了几个月的研究工作。最终，莫诺不得不完全放弃了研究，全面转入地下，每天变换着伪装，躲在组织成员提供的安全屋里（如图 3-4 所示）。

图 3-4　雅克·莫诺投身法国抗战组织的身份证明，于 1944 年。莫诺是法国内部武　　　　装力量组织的一名军官。由于抗战组织成员不能使用真名，他当时的化名　　　　是"马利沃特"（Malivert）。

Image courtesy of Oliver Monod.

在加入抵抗组织"法国内部武装力量"（FFI）之后，莫诺成为一名高级官员，负责组织暗杀行动及处决与敌军合作的叛徒等事务。1944 年 8 月，莫诺作为一名指挥官参与了解放巴黎的战争。之后，他正式成了法国军队的一名军官，直至德国投降。

酶的调节法则

时间已经过去了 6 年，战争让莫诺、他的家庭和他的祖国饱受创伤、停滞不前。所以当战争终于结束时，莫诺迫不及待地想要将那些黑暗的记忆抛诸脑后，立即投入到科研工作当中。这时利沃夫代表巴斯德研究所向他发出了邀请，莫诺接受了。

莫诺重拾旧业，接着战前进行的工作继续摸索。不得不承认的是，酶适应理论背后的逻辑非常引人入胜：细菌，这种个体细小的单细胞生物，在显微镜下也就是勉强可见，尚未分化出任何神经网络及内分泌系统，形象地说，就是生物膜包着一堆化合物。作为这样简单的生物，它们是怎么知道对不同的糖类要生产出特定的酶来进行消化的呢？

酶的本质是蛋白质，而细胞能够生产的蛋白质有成千上万种。莫诺意识到，他的问题从根本上说是一个有关调节过程的问题：在特定情况下，细胞是怎样"决定"生产特定的某种酶的呢？

莫诺坚信，比起单纯解答微生物的嗜糖习性而言，了解细菌细胞对酶生产的控制调节方式更为紧要。他认为，更复杂的生命体内存在不同分化类型的细胞的原因，与单细胞如何调节生成某种特定酶的机理，在一定程度上是相通的。例如，红细胞生产血红素蛋白质，其作用是运送氧气；而白细胞能够生产抗体蛋白质，用以对抗感染。莫诺相信，只要弄清楚细胞对蛋白

质生产调节的原因及过程，就会为了解细胞分化的原因与过程提供更多的
思路和参考价值。毫无疑问，这将对揭示生命活动更深层次的原理产生重大
影响。

为了解开这个谜团，莫诺决定将注意力仅放在一种糖和与其对应的蛋白
质上，即乳糖与 β−半乳糖苷酶。细菌原生地倾向于消耗葡萄糖以转化为能
量。乳糖作为葡萄糖与半乳糖结合的双体化合物，并不能直接被细胞消化利
用，而是必须在 β−半乳糖苷酶的作用下"一切为二"，释放出可以被细胞
直接利用的葡萄糖，这才算是间接地参与到能量转换的过程中。

20 世纪 40 年代晚期到 50 年代初期，是分子生物学黄金时代到来前的黎
明，那时并没有优秀的范例指导人们如何展开实验。莫诺及其团队致力于发
展实验技术，以求在实验当中得到更多更有效的结果。其中一个重要的发现
即糖的存在诱发了对应的酶的生产。从某种程度上可以假设，糖分子可以结
合某种细菌体内没有活性的酶，通过这种形式将其激活。通过一系列精巧且
非常有挑战性的实验之后，莫诺和他的团队终于破解了这个难题。

莫诺的实验结果显示，正是乳糖精确地控制着 β−半乳糖苷酶的产生。
当大肠杆菌生长在没有乳糖的培养环境当中时，一个细胞内的 β−半乳糖苷
酶仅有寥寥数个。一旦乳糖被加入培养基中，个体细菌细胞中的 β−半乳糖
苷酶分子将达到数千个之多，而这一切的发生仅仅需要几分钟。一旦乳糖被
移除，β−半乳糖苷酶的合成会立刻停止（如图 3-5 所示）。看起来，β−半
乳糖苷酶生产调节的开关就是培养基中的乳糖。因此，乳糖也被称为 β−半
乳糖苷酶的诱导剂。

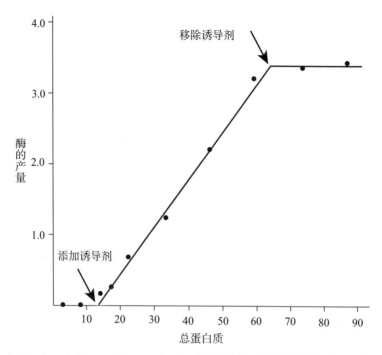

图 3-5   酶的生产受到诱导剂的调节。在一群处于生长期的大肠杆菌中添加诱导剂乳
        糖，会导致 β - 半乳糖苷酶的产生。一旦移除乳糖，酶的合成自然就停止了。

From Monod and Jacob (1961), redrawn by Leanne Olds.

　　而这个过程对细菌细胞来说也非常合理：细菌细胞仅在有乳糖存在的环境下才会生产 β - 半乳糖苷酶，如果乳糖不存在，就没有必要浪费能量来生产这种酶。这种做法显然非常经济。问题是，这一切到底是怎样发生的呢？

　　酶生产的调节法则是一个困扰了莫诺多年的问题，主要原因有两点：第一，他并没有找出所有起作用的成分；第二，关于调节过程，他的脑海中有一套固化的主观印象。从表面上看起来，作为诱导剂的糖一出现，细菌就开始生产对应的酶。莫诺和他的合作者们一直都认为诱导剂对酶的合成都是正向调节的。该过程如下图所示，箭头的方向表示调节的方向，本书中将沿用这一传统：

THE
SERENGETI RULES

生命调节逻辑

诱导剂（乳糖）

↓

酶（β - 半乳糖苷酶）

事实上，他们的逻辑恰恰与事实相反，而且还有一个重要的组成部分没有进入他们的视野。

我保证会解释他们最终是如何走上正途的，然而由于这个正确的逻辑对于理解调节过程甚至对于全书而言都是如此重要，在这里我不想让你们过于关注那些实验的细节而忽略了更大的蓝图，所以，我会首先告诉你们正确的答案，即乳糖如何调节 β - 半乳糖苷酶的合成。等回过头来时，我会解释莫诺和他的伙伴们是如何艰难地寻找答案的。

莫诺没有发现的那个中间产物，位于乳糖与 β - 半乳糖苷酶之间。这种蛋白质可以被叫作"阻遏物"，因为它的主要功能就是阻遏 β - 半乳糖苷酶的合成。莫诺正是在意识到乳糖并不能直接地正向调节 β - 半乳糖苷酶的合成之后，才提出了这种逻辑上的大反转。即乳糖抑制了 β - 半乳糖苷酶的阻遏物，从而"解放"了 β - 半乳糖苷酶的合成过程。

通俗地说，就是负负得正。

这种酶生产过程中的双重负向调节，在生物体内充分体现出其合理性：当乳糖不存在时，β - 半乳糖苷酶也不需要存在，因此 β - 半乳糖苷酶阻遏物的存在就非常合理；当乳糖存在时，它对 β - 半乳糖苷酶阻遏物的抑制作

用使 β－半乳糖苷酶的合成过程恢复，β－半乳糖苷酶参与到乳糖的水解过程当中，释放葡萄糖为细胞提供能量，而当所有的乳糖被消耗掉，其对 β－半乳糖苷酶阻遏物的抑制作用也将消失，β－半乳糖苷酶的合成再次被停止，一切又恢复到了乳糖没有出现时的情景。以下示意图即表示了该过程，此处及之后全书中，都将用"⊥"代表负向调节：

THE
SERENGETI RULES 　生命调节逻辑

双重负向调节逻辑

没有乳糖	乳糖存在
	⊥
β－半乳糖苷酶阻遏物	β－半乳糖苷酶阻遏物（被抑制）
⊥	⊥
β－半乳糖苷酶基因关闭	β－半乳糖苷酶基因打开

对单细胞生物来说，这是多么完美的逻辑。

我很快会对阻遏物如何工作的细节做一些注解，但是就本书希望达成的目标而言，了解酶调节过程的重要性不在于了解细节，而在于更宏观地掌握其中的逻辑。突破往往源于打破偏见。当我们看到某种现象时，总是倾向于最直观的解释，跳过了因果之间的许多步骤。比方说，看到车辆在街道上行驶，人们通常想到这是司机踩了一脚油门，而不是司机松开了车闸。

如果说 A（如乳糖）的出现导致了 B（如 β－半乳糖苷酶）的出现，我们通常认为因为 A 所以 B。而要想得出 A 抑制了 B 的某种阻遏物的结论，就需要展开想象的翅膀，进行大胆地假设。

然而事实证明，小到分子，大到生态环境，所有的生命形式当中的网络结构的复杂性都超出了我们最初的想象。我们需要搞清楚这其中所有连接的意义及其本质，才能更深刻地理解，以及更理智地干预各种层级上存在的调节过程。

要发现阻遏物及与其有关的调节逻辑，莫诺需要从头开始。

阻遏物的发现

从头开始，意味着需要运用遗传学的知识解决问题。试想，假设你对某种可见特征的产生过程感兴趣，比如说，花朵呈现出的粉色。想要弄清楚在花的颜色形成过程中起作用的成分，大致上有两种方法。一种是你可以采用纯粹的生物化学手段，把花瓣磨碎，然后在成千上万种成分当中纯化出可以利用简单化合物制造出粉色天然色素的酶。这个过程非常复杂，而且低效。

还有一种是建立在遗传学知识之上的方法。首先培育 1 000 株该种植物，在其中找到花朵颜色不呈现出粉色的植株，譬如说白色。我们认为每株只开白色花的植物都存在一定的基因缺陷，准确地说是一个突变，这个突变导致了花朵不能正常地呈现粉色。接下来需要做的，就是研究这个缺陷基因。

遗传学手段的高明之处在于，用一个结果可视化的实验找到了突变的目标基因。由于这个结论本身没有任何假设前提，因此其结果也是无偏差的。无论粉色花朵的决定因素是不是酶，只要其存在，就可以被这个实验反映出来。在过去的半个世纪当中，许多生物与医药领域的重大突破都是在遗传学方法的辅助下实现的。在下一章中，我会讲述两个医药领域里非常重要的例子。

所以，莫诺和他的团队就开始寻找能够阻断 β－半乳糖苷酶生产的突变型细菌细胞。他们筛选到了两种细胞。一种是所生产的 β－半乳糖苷酶本身带有缺陷，其突变位点位于 β－半乳糖苷酶基因本身。这是意料之中的发现。而另外一种突变型就显得比较有趣了：这种突变类型不需要乳糖的"诱导"就能够"天然地源源不断地"生产 β－半乳糖苷酶，称为"组成型"。在组成型突变中，正常用于调节酶生产的开关失灵了。很显然，组成型突变的位点并不在 β－半乳糖苷酶本身，并且该突变阻断了对 β－半乳糖苷酶的调节。

弄清楚组成型突变的工作原理是了解酶的调节的关键一步。最开始，莫诺陷入了死循环。他始终认为诱导剂通过正向调节控制酶的生产，而组成型突变不需要外来诱导剂就能生产 β－半乳糖苷酶的原因可能在于它们能够在细胞内部生产 β－半乳糖苷酶的诱导剂。莫诺的这个假说最终被证明是错误的。

发现双重负向调节逻辑

有一个人在这件事情当中起了很重要的作用，他的名字叫弗朗索瓦·雅各布。雅各布在战前的理想是成为一名外科医生，他在诺曼底成为一名军医之后，由于一次意外严重受伤，他不得不中断了作为外科医生的职业生涯。之后他投身于科学研究工作，一个偶然的机会下，他加入了利沃夫的实验室，与莫诺的实验室只有一个走廊的距离。他当时的研究课题与病毒有关：有些病毒可以静静地潜伏于细胞当中，只有在某些条件下才能被激活，开始复制直至爆发。在很短的时间内，雅各布就研究出了一系列重要的用以在细菌细胞中研究基因的技术手段。1957 年，他与莫诺开始正式合作，并且正是他的一项技术为理解酶调节的逻辑铺平了道路，并最终解释了这个问题。

与人类和大多数动物携有双拷贝基因（一份来自父系，一份来自母系）不同的是，大肠杆菌只有一条染色体，其所有基因都只存在一份拷贝。将外源基因导入细菌细胞的技术在当时尚属前沿，雅各布就是这项前沿技术的拥有者之一。这项技术使他能够构建出带有多余基因拷贝的细菌细胞，利用这种技术，他就能够在带有正常基因的细胞（野生型）中导入突变的基因（突变型），在野生型与突变型同时存在的情况下，检测细胞的表型。如果莫诺的假说成立，那么在野生型与突变型同时存在的情况下，胞内的诱导剂还能够继续产生并且可以持续激活 β-半乳糖苷酶的合成，整个过程不需要胞外诱导剂乳糖的参与。

雅各布与来自美国的访问学者阿瑟·帕迪（Arthur Pardee）完成了这个实验，但是他们得到的结果与莫诺的假设完全相反：这些同时含有野生型与突变型基因的细菌细胞仍然需要胞外诱导剂乳糖的存在才能激活 β-半乳糖苷酶的合成。一开始大家都没有接受这个结果，反而猜测是技术上出了问题，直到他们重复了实验并得到了相同的结果。

如果说实验技术没有问题，那问题就一定出在最初的假设上。事实上，这也是利奥·西拉德（Leo Szilard）给莫诺与雅各布的建议。利奥在转向生物领域之前是一名物理学家，也是巴斯德研究所的常客。莫诺与雅各布终于开始严肃地思考，他们意识到也许关于诱导剂的假说是不成立的。莫诺提出，诱导剂的作用并不是直接激活 β-半乳糖苷酶的合成，而可能是通过抑制 β-半乳糖苷酶的阻遏物，间接地启动 β-半乳糖苷酶的合成。

非常棒！双重负向调节逻辑让一切都顺理成章了。

组成型菌株的突变并没有导致胞内诱导剂的产生，而是使酶的调节过程缺失了对酶合成有抑制作用的阻遏物，从而让酶的合成过程不受抑制地连续运转，这与诱导剂是否存在无关。在雅各布制造的菌株中，同时存在野生型与突变型基因，尽管突变型基因不能制造 β – 半乳糖苷酶的阻遏物，野生型基因仍旧能够正常生产该种阻遏物，从而使整个细胞体现野生型的表型。

莫诺和雅各布都抛弃了对简单因果关系的执着，开始从全新的角度去审视问题，期待能够为难以破解的问题带来新的思路。

一个周六的下午，虽然与妻子正坐在巴黎的一家电影院里，雅各布的思绪却早已从荧幕飘到了困扰他多年的难题上。雅各布的研究对象，是某些隐居在细菌细胞内部的病毒，它们可以被紫外线激活并开始自我复制的过程。雅各布想弄清楚紫外线如何能够启动病毒的复制。尽管当时与莫诺的合作已经非常深入，他却从未想过病毒的问题与莫诺的课题会有什么瓜葛。直到这一天，在黑暗的电影院里，雅各布又想起了被围困在细胞内部的病毒及其所携带的数条病毒基因。

突然之间灵光乍现，他意识到病毒也可能是通过双重负向调节的方式被激活的，一定也存在一种针对病毒的阻遏物，使得病毒的基因复制一直处于被阻遏的状态，直到紫外线释放了这种阻遏，病毒的基因复制过程才会恢复。

于是，又一次，正向调节的表象被证明是阻遏物被抑制的结果。

两个看似不相关的问题殊途同归，使莫诺和雅各布相信这并不是一种少见的现象，而是细胞调节过程中的普适定律。大致而言，细胞内的蛋白质可以分为两类。一类是结构蛋白，代表细胞内负责催动化学反应的蛋白质，以及表达病毒组成部分的蛋白质。另外一类是调节蛋白，它们根据不同情况控制结构蛋白是否能够被表达。而且并不是所有的调节蛋白的调节能力都相同，大多数调节蛋白都受到更上游的调节蛋白的控制。

莫诺与雅各布发现，双重负向调节无处不在，而且也有多种方法证明它们的存在。

生命调节逻辑

THE
SERENGETI RULES

病毒无活性　　　　　　**病毒被激活**

紫外线

⊥

阻遏物　　　　　　　阻遏物

⊥　　　　　　　　　⊥

病毒基因组关闭　　　　病毒基因组开启

反馈调节

除了将营养成分降解成有用物质以外，细菌与其他生命有机体还会利用简单的物质合成比较复杂但重要的成分。生命体内一切蛋白质都是由氨基酸组成的。当使用基础细胞培养液进行细菌培养的时候，细菌可以利用培养液中的葡萄糖与碳水化合物合成所有的 20 种氨基酸。

但是，当细菌培养液中已经含有某一种氨基酸时，该种氨基酸的合成将会迅速停止。这证明细胞内存在调节机制，当环境中存在足量的某种氨基酸时，会特异性地下调该种氨基酸的合成酶。

20 世纪 50 年代，许多生物化学家致力于解开氨基酸合成的谜团。他们发现，每一种氨基酸的合成过程都包括数个步骤，通过逐级在氨基酸前体（以下示意图中的 P）上增加修饰过程，最终形成我们所熟悉的氨基酸的结构。这些步骤可以被形象地描绘为包含了中间产物（示意图中的 I1、I2 等）的链式反应，而每一步中间反应的生成都有不同的酶作为催化剂。

THE **生命调节逻辑**
SERENGETI RULES

$$P \rightarrow I1 \rightarrow I2 \cdots\cdots \rightarrow 氨基酸$$

例如，给细胞培养液中加入色氨酸后发现，其合成过程中的某一种中间产物的合成中止了。这表示色氨酸作用于该链式反应的早期阶段。类似地，培养环境中加入异亮氨酸也使得其早期中间产物的合成遭到破坏。

这些发现催生了一个新概念的问世：负反馈。它是指某种物质可以影响自身的合成过程，从而使该物质的量稳定在一个水平上。对细胞内各种生物合成途径的研究发现，生命体内的负反馈广泛存在，其作用形式大多表现为终产物对最早期的中间产物的抑制作用。

生物合成过程中的反馈调节与酶合成的双重负向调节一样，都具有重要的生物学意义：当某条生产途径的终产物被过量表达时，细胞将不再浪费资源与能量继续生产该终产物及其中间产物；而当该终产物的表达丰度过低时，其合成过程将不再受到抑制，从而成功地被合成出来。

有关细菌的前沿研究显示，分子之间可以通过 4 种作用方式影响丰度。我们将看到，其包含的一系列普适原理及一条有关调节的逻辑基本上涵盖了存在于所有物种中的各种生理过程。本章内容将在本书后文中经常回溯到。

生命的基本法则与逻辑

正向调节

A→B   A 正向调节 B 的丰度或者活性，

即 A 的变化方向与 B 相同

负向调节

A⊣B   A 负向调节 B 的丰度或者活性，

即 A 的变化方向与 B 相反

双重负向调节

A⊣B⊣C   A 负向调节 B，B 又负向调节 C；

A 通过使用双重负向调节的逻辑正向调节 C，

即 A 与 C 的变化方向相同

反馈调节

A→B→C   C 的过量产生负向调节 A 及其下游的 B 与 C 的产量

生命第二法则

阻遏物及反馈抑制作用的发现在科学界掀起了热浪，人们对于了解分子水平上这两种调节方式起作用的方法显示了极大的热情。阻遏物的本质是什么？诱导剂又是如何工作的？而反馈机制到底是如何形成的？

1961 年秋天的一个深夜，莫诺造访了同事艾格尼丝·乌尔曼（Agnes Ullmann）的实验室。与往常衣着得体、精神抖擞不同，莫诺看起来疲惫且充满担忧，甚至他的领带都歪了。长久的沉默之后，他对乌尔曼说："我想，我刚刚发现了生命的第二法则。"

　　莫诺看起来很不正常，状态糟糕极了。乌尔曼让他先坐下来，然后端上他们最爱的苏格兰威士忌，让他压压惊。一两杯酒下了肚，莫诺站起来开始长篇大论。他可没疯，事实上他比任何时候都正常。他简要陈述了这些年来在阻遏物与反馈抑制调节理论研究过程中观察到的现象，然后将两种现象归于同一种解释。

　　为莫诺的突破带来灵感的是分子的形状与大小。他当时思考的对象是实验室里正在研究的一种酶。酶属于大分子蛋白质，通常酶的体积是它们作用对象（也被称为底物）体积的 100 多倍，这些底物包括糖分子及氨基酸等。正如一把钥匙开一把锁那样，底物与酶的结合必须通过与酶表面的某段立体结构紧密契合，构成一个活性位点，而该位点往往也是剪切与修饰过程发生的场所。

　　莫诺当时研究的酶是异亮氨酸生产过程中第一个中间产物的催化剂。该酶与其底物苏氨酸之间的化学反应过程可以被异亮氨酸阻断。莫诺想弄明白相对体积很小的异亮氨酸是如何嵌入酶的活性区域并阻碍酶与其底物的相互作用的。令他感到困扰的是异亮氨酸的构象与苏氨酸完全不同，理论上说，适合苏氨酸结合的位点并不适合异亮氨酸结合，那么有没有可能异亮氨酸根本没有与活性位点结合呢？

　　莫诺回想了其他的负反馈抑制酶，在它们身上他都发现了类似的事实：它们都可以被与底物构象非常不同的小分子抑制。这代表什么呢？莫诺认为，反馈抑制作用的结合位点与酶本身作用的活性位点必定是两个独立的存在。酶，也就是这把"锁"，肯定存在两个钥匙孔：一个用来结合底物，一个用来结合抑制剂。

　　酶和抑制剂的结合改变了酶本身的三维构象，使其活性位点不再适合与底物结合，类似于这个钥匙孔就消失了。莫诺给这种现象起了一个名字叫作

"变构"，该词源自希腊文字，可理解为"变成其他物质"。他认为变构是细胞调节蛋白质活性的重要手段（如图 3-6 的上半部分所示）。

在这个深秋的夜晚，一切神秘而不可解释的现象，其本质都得到了完美的还原。诱导剂与阻遏物的工作方式和反馈抑制调节并无二致，都是通过变构过程交替改变蛋白质的功能。阻遏物一定存在两个结合位点：一个用以结合其底物也就是 DNA，阻断基因的表达；而诱导剂出现并与阻遏物的结合会物理性地改变阻遏物的三维构象，使其从 DNA 上脱落下来，从而启动了基因的表达（如图 3-6 的下半部分所示）。

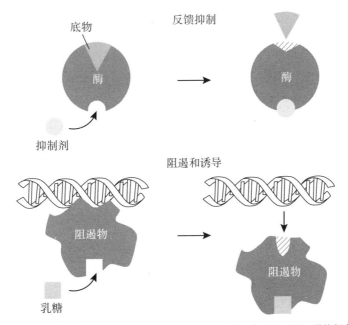

图 3-6 变构现象是反馈抑制和酶的诱导过程的基础。（上）酶分子的三维构相存在可以与底物结合的活性位点，同时也存在可以与抑制剂结合的位点。当与抑制剂结合时，酶的构象发生变化，导致底物不能与酶正常结合。（下）阻遏物的一个位点用来结合 DNA，另外一个则结合乳糖。结合了乳糖的阻遏物，其空间构象也将发生变化，导致其不能与 DNA 结合，从而打开了酶基因表达的开关。

Illustration by Leanne Olds.

莫诺已经手握两条可证明氨基酸或诱导剂等小分子决定着蛋白质大分子的构象与功能的证据。这条假设非常诱人的原因在于其简洁性和普适性。把看起来毫无关联的酶阻遏与反馈抑制调节联系起来之后，莫诺成功地找到了其中的潜在连接。而变构过程的确可以解释很多复杂的现象，如荷尔蒙如何在内分泌系统中发挥作用，以及神经递质如何协调神经系统等。因其涵盖范围之广，莫诺对于提出这样的假说仍感到如履薄冰，他需要乌尔曼的判断，于是就有了本节开篇的情景。

如果说 DNA 是生命的首要逻辑，那么变构效应及其在基因与蛋白质调节过程中发挥的作用就可以被称作生命的第二法则。诺贝尔奖委员会肯定了莫诺和雅各布的发现，他们获得了 1965 年的诺贝尔生理学或医学奖。

适用于大肠杆菌的理论也一定适用于大象

莫诺与雅各布研究的意义并不局限于了解大肠杆菌对 β - 半乳糖苷酶的调节。与埃尔顿和坎农的成就类似，他们的发现具有根本性与普适性，是对众多类似现象根源的发掘。

埃尔顿提出的生态系统是生命体通过食物网产生连接的社会形态，坎农认为生命体的本质是各组织器官通过神经网络与内分泌系统交接协调。与他们的观点殊途同归，莫诺与雅各布认为"细胞内的生命活动也是各种大分子通过复杂而精准的系统相互作用，达到调节它们的合成与功能的目的"。

莫诺与雅各布热情洋溢地讲述他们的经历，包括如何将研究单细胞细菌所得到的结论，运用到复杂的组织器官里去解释无头绪的现象等。1961 年，他们信心十足地提出一个"众所周知"的公理："对大肠杆菌适用的理论也一定适用于大象。"

与其说这是一个公认的经得起考验的事实，倒不如将这看成是一种思维不受限制的大胆假设。虽然认同高等生命体内环境的复杂度是无法度量的，人们仍然坚持：

> 我们不能肯定的是，在低等生物里发现的诸如变构抑制过程、诱导过程以及阻遏过程等主流的作用机理，也能够被更高等的已分化的组织所运用。但毫无疑问，这些机理的本质决定了它们的普适性，无论是在人类还是在大肠杆菌的生命过程中都能发现它们的影子，哪怕涉及具体的功能上是如此地南辕北辙。

除了这些基本原理之外，莫诺与雅各布认为负向调节是在高等组织当中最重要的逻辑。在意识到癌细胞与正常细胞的区别是失去了对复制过程的负向调节时，他们提出癌症的病原可能来自遗传突变，比如细胞复制过程的阻遏蛋白基因发生突变可导致细胞不受控制地复制，或者是其他使该阻遏蛋白去活化的过程都具有类似效果。

在接下来的第 4 章与第 5 章中，你会发现他们的推论非常具有先见之明，与事实已是无限接近了。

THE
SERENGETI
RULES

04

胆固醇的故事

> 比起在分子水平上改变坏基因，更好的方式是运用调
> 节手段使好基因更好地工作。
>
> ——约瑟夫·戈尔茨坦博士致默克制药
> 公司 CEO 罗伊·威格罗斯博士

1935 年 6 月 29 日，美国人安塞尔·季斯（Ancel Keys）与英国人布莱恩·马修斯（Bryan Matthews）已经接近了奥坎基尔查峰的最高点，这座山峰位于智利北部，海拔超过了 6 000 米。他们架了几根杆子，搭上几条毯子，就做出了一个简易的帐篷。漫漫长夜里，这是他们借以抵抗风雪与零下 50 摄氏度严寒的唯一避难之所。他们在海拔 6 000 米的高度上足足待了 15 天，其间数次登顶。他们征服安第斯山脉的壮举为后人立下了无法逾越的高杆。令人惊讶的是，这两个无畏的家伙并不是专业登山人士，他们的职业是生理学专家。

季斯来自哈佛大学，马修斯来自剑桥大学。他们都隶属于一个由 10 人组成的国际高海拔远征队，此次智利之行的目的是研究人体如何适应超高海拔。奥坎基尔查峰上生活的原住民是世界上生存海拔最高的人类，其居住区海拔约为 5 300 米。在 5 800 米处还存有世界上海拔最高的矿脉。此次远征是历史上规模最大、到达海拔最高、时间最长、装备最先进且人员技术最精良的一次，其目的是了解在极端自然条件下人类是如何生存和工作的（如图 4-1所示）。

图 4-1 在安第斯山脉的安塞尔·季斯。躺在地上的安塞尔·季斯正在接受抽血，目
的是了解人体内环境在海拔 6 000 米的高度会发生什么变化。

From Keys, A. (1936) "The Physiology of Life at High Altitudes." *Scientific Monthly* 43(4): 309.

　　以坎农、埃尔顿和莫诺为例，如果说一个科学家成功的标志之一就是有
勇气去追逐好奇心的话，季斯的确是他们后来的同行者。天才儿童季斯在加
利福尼亚州长大，他 15 岁从高中辍学，到亚利桑那州的岩洞中清理蝙蝠粪
便，之后去科罗拉多州的金矿干活。他所从事的工种有个外号叫"猴儿"，主
要工作是给矿工人运送炸药。再次回到学校完成高中学业之后，他进入大
学选修化学专业，又对学业丧失了兴趣，于是来到一艘往返于中国的远洋邮
轮上当了一名油漆工人。有一次，他在海上经历了饥荒，除了酒精饮料什么
吃的都没有。幸免于难之后他又回到了学校，在 6 个月之内先后拿到了经济
学与生物学学位。他来到位于加利福尼亚州拉霍亚社区的斯克里普斯研究所，
在那里获得了海洋生物学博士学位。他又在剑桥大学获得了生理学博士学位。
之后，他加入了哈佛大学一个以疲劳为研究对象的实验室，并开始组织国际
高海拔远征队在智利的远征。

除了有追逐好奇心的勇气外，科学家们通常具有的第二个特点是从看似平常的现象中分辨重要线索的能力。例如，坎农会关注到猫的恐惧情绪，埃尔顿会沉迷于特罗姆瑟书店里一本关于旅鼠的书籍，而莫诺则会注意到细菌生长曲线上奇怪的位点。对季斯来说，他的机会来自一次为部队工作的经历。在奥坎基尔峰顶部附近度过的 6 天当中，季斯与马修斯赖以维持生命的仅有一点水与压缩食品。这段经历引起了军队军需部门的兴趣。随着战争在欧洲的爆发，美国时刻准备着向欧洲增援。他们认为有必要准备一些质量轻且不易腐的可携带食品，伞兵在地面部队找到他们之前将依靠这些食品维持生命。因此，国防部军需部门邀请季斯做他们的顾问。

季斯再次搬了家，这次的目的地是明尼苏达大学。与他一起工作的是一名陆军上校，他与季斯一起在双子城最好的副食品店购买了各种食品，之后他们将食物分装并拿到当地的陆军基地开展实验。在佐治亚州的本宁堡开展了更多实验之后，一个约含 3 000 卡路里的食品包基本被确定下来，包括一节硬香肠或一个肉罐头、压缩饼干、一块巧克力、一块口香糖、火柴及几根香烟等。这些东西被包进防水包，可以塞进战士们的衣服口袋里。这些被称为 "K- 口粮" 的装备，在 1944 年战争最高峰期，生产了超过一亿份。

战争结束后，季斯又一次转移了注意力。他看到一份有关欧洲食物危机的统计报告，数据显示心脏病的致死率大幅下跌，与此同时美国男性的心脏病发病率却显著上升。是什么造成了这种差异呢？季斯在双子城地区召集了 281 名 44 ~ 55 岁的男子，这个项目将对他们包括饮食在内的 60 余项指标进行长期跟踪调查，目的是搞清楚这些指标的变化如何影响诱发心脏病的风险。

与此同时，季斯走访了世界上许多地方，他每次讨论的主题都是心脏病。一位尼泊尔的同行告诉季斯，心脏病在当地发病率很低，并不属于重要疾病。季斯表示怀疑，并就此展开调查。通过对一群尼泊尔消防员的调查，季斯发现他们血液中的胆固醇含量比美国商人的要低上好多。在西班牙的贫困人口中他也发现了这一事实。季斯认为这里的因果关系十分明显，有钱人食谱中的高脂肪成分是导致心脏病发作的元凶。

但是医学界的同仁对食谱、血清胆固醇以及心脏病之间的关系仍然缺乏认识。因此，季斯采取多方合作，在世界范围内选取了来自7个国家的12 000名男性，进行了一项规模空前的国际调查研究。这些被调查人员来自意大利、希腊、芬兰、荷兰、日本以及美国等国家，他们的食谱也天差地别。此次"七国实验"于1958年正式启动，参与者将接受每5年一次的跟踪调查。

1963年，在明尼苏达州启动的实验与"七国实验"都得到了部分数据。在对明尼苏达地区的被访者跟踪调查了15年之后，季斯确认了一种与心脏病相关的主要风险因子，即血液中的胆固醇水平。平均每毫升血液中含有超过260毫克胆固醇的男性，罹患心脏病的概率是胆固醇含量低于200毫克的男性的5倍。同时，在第一个5年结束时，"七国实验"也得到了类似的结果。譬如说，芬兰东部地区居民胆固醇含量的平均值为270毫克，而克罗地亚居民的该项指标只有不到200毫克，芬兰人的心脏病发病率是克罗地亚人的4倍。

季斯现在有确凿的证据证明人的饮食习惯与其罹患疾病之间有着必然联系。早在50年前，人们就已经了解到，在人体主动脉中，因动脉粥样硬化形成的斑块中胆固醇含量是一般动脉中同样物质含量的20倍还多。如果让动物摄取高胆固醇食物，会导致血液中胆固醇含量超标及引发动脉粥样硬化的症状。然而，直到进行了这些大规模的流行病学研究之后，人们才真正把胆固醇与心血管疾病联系起来，为人类敲响了警钟。

这种相关性的存在虽然有价值，却并不能提供治疗心脏病的方法，原因是胆固醇并不是绝对的坏东西，事实上胆固醇在生命活动中所起的作用非常重要。首先，它是动物细胞膜的重要组成部分，细胞膜的存在使细胞内含物与其外部环境完全隔离开来，外部环境不能任意地改变胞内环境。其次，胆固醇也决定着细胞膜的韧性及其他分子穿越细胞膜的能力。胆固醇含量越高的细胞膜也越固化，其他分子穿越该细胞膜的困难程度也越高。此外，胆固醇属于固醇类分子大家庭，它同时也是 5 种固醇类荷尔蒙分子的前体，包括皮质醇、睾丸酮、雌激素，以及一种在消化过程中起重要作用的胆汁组成物。因此，想办法维持固醇类分子与胆固醇之间的相对平衡的内稳态，才是正确的思路。20 世纪 60 年代早期，心脏病是造成美国人死亡的第一杀手。如果要改变这种情况，就需要熟知胆固醇在人体内的调节过程。

在胆固醇调节这一课题上做出突出贡献的是两位年轻的医生，他们正是受到莫诺与雅各布的细胞调节理论的影响，在人体细胞中验证了其正确性。首先，与莫诺和雅各布一样，他们采取合作的方式解决问题。其次，他们的研究对象是带有突变型基因的个体，即该个体内某种酶合成的调节被破坏了。这也与莫诺和雅各布的突变型实验对象类似。通过研究这些人类染色体的突变案例，他们严谨地推导出胆固醇受到调节的逻辑。就在莫诺与雅各布获奖后的第 20 个年头，这两个年轻人也一起来到了斯德哥尔摩，收获了属于他们的诺贝尔奖。

反馈调节过程

1966 年，约瑟夫·戈尔茨坦（Joseph Goldstein）与迈克尔·布朗（Michael Brown）初识于波士顿的麻省总医院。当时，他们都在急诊室做轮转医生。戈尔茨坦出生于南卡罗莱纳州的一个小镇，而布朗的青年时光是在纽约和费城度过的，但是背景的巨大差异并不能阻挡他们一见如故。在一起工作了一段时间之后，他们都发现对方很像自己，表现出一些与其他年轻医生不太一样的特点。比如，他们喜欢讨论的话题经常围绕着病人罹患疾病的发生原理展开。

在波士顿的实习结束之后，他们又一起搬到位于马里兰州贝塞斯达的美国国立卫生研究院（NIH），在那里从事临床研究。他们一边开展基础实验研究工作，一边给病人看病。戈尔茨坦看病的地方在国家心脏研究所，他的头两位病人非常特别，是一个 6 岁的小姑娘和她 8 岁的哥哥，两个人都饱受心脏病的折磨。对戈尔茨坦来说，这件事情的影响是终身性的。

这对兄妹来美国国立卫生研究院就医后被诊断患有家族性高胆固醇血症（FH）。该遗传疾病具有两种突变形式，在杂合体突变当中，个体只携带有一条突变基因的一个拷贝，另外一个拷贝仍然是正常的。杂合体的出现概率是 1/500，即每 500 个人当中，就会出现一人血液胆固醇水平在 300 ~ 400 毫克之间，并从 35 岁开始心脏病频发。另外一种是比较罕见的纯合体突变类型，约每百万人中会出现一人，个体携带基因的两条拷贝都发生了突变，其血液中的胆固醇含量达到 800 毫克，并且从 5 岁开始就会出现心脏病发作的现象。

这对来自得克萨斯州的兄妹所携带的正是症状最严重的纯合体突变。戈尔茨坦把这两个孩子的事告诉了布朗，他们开始考虑究竟是哪个步骤出了问题，才会导致胆固醇的含量激增。在美国国立卫生研究院提供的夜间课程上，他俩接触到了莫诺与雅各布的新思想。在当时，细胞调节理论已经被阐述得非常充分。戈尔茨坦与布朗曾经在医学院里学到，狗吃了含有高胆固醇的食物后，其体内胆固醇合成的过程就会被抑制，因此在胆固醇的合成过程中是反馈调节在起作用。他们由此想到，在家族性高胆固醇血症患者体内，胆固醇的反馈调节过程可能被破坏了。

当时，在所有的"天才"同行们都一窝蜂地涌入癌症和神经科学等"高大上"的领域时，戈尔茨坦与布朗决定合作，全力专注于解密胆固醇的调节过程。"这根本没有前途，"朋友这样嘲笑他们。戈尔茨坦与布朗却不为所动，在搬迁至得克萨斯大学西南医学中心之后，他们干脆将实验室合并，开始了正式合作。他们夜以继日地工作，全年无休，仅仅用了两年时间，就搞清楚了高胆固醇血症的前因后果，并用一系列漂亮的实验诠释了胆固醇受到调节的逻辑。

在他们开展工作伊始，人们已经对胆固醇有了一定程度的了解。胆固醇分子含有 27 个碳原子，其产生过程从含有 2 个碳原子的前体开始，全过程的解密引发了无数的发现以及总共 11 项诺贝尔奖的颁发。整个过程涉及了 30 种酶。与 β-半乳糖苷酶合成类似的是，胆固醇的合成只与第一步反应中起作用的酶有关，它有个非常拗口的名字：3-羟基-3-甲基戊二酰辅酶 A 还原酶。由于本章涉及的酶只有这一种，而且它的工作原理也不是本书需要传达的东西，因此我把它简称为"还原酶"。再次强调，调节的逻辑是我们关注的重点。

戈尔茨坦和布朗需要以人类为对象研究这种还原酶活性，但是由于这种酶的产生部位在肝脏，想要进行活体实验基本是不可能的。因此，他们设计了一套实验方法，将从人体中取出的细胞在实验室条件下进行培养，并监控这些细胞中的还原酶。人体细胞的体外培养，需要提供类似人类血清的养分。

戈尔茨坦和布朗首先发现，还原酶活性可以被血清中的某种成分负向调节：当细胞处于血清培养环境中时，还原酶活性降低；而当细胞培养环境的血清被移除后，还原酶活性迅速增长了 10 倍。

接着，他们想找到这种血清中发挥作用的成分是什么。他们大胆假设应该是一些脂溶性成分，因此他们对以下物质对酶活性的影响进行了检测，包括 LDL（低密度脂蛋白）、HDL（高密度脂蛋白）以及非脂蛋白组分。实验结果表明，LDL 可以有力地降低酶的活性，HDL 与非脂蛋白组分则没有这样的作用。

顺着莫诺与雅各布的逻辑，戈尔茨坦和布朗提出假设：家族性高胆固醇血症患者体内的还原酶发生了突变，使还原酶不受 LDL 的调节。前期的实验数据也确实支持了这种观点。戈尔茨坦和布朗在该病患者细胞里发现其中的还原酶含量是正常人细胞中含量的 40 ~ 60 倍，并且 LDL 对患者细胞内的还原酶完全没有作用。

THE **生命调节逻辑**
SERENGETI RULES

正常对照组	家族性高胆固醇血症患者
LDL	LDL
⊥	⊥
还原酶	**还原酶（上升约 60 倍）**

但是，接下来的实验结果立即推翻了"还原酶突变"的可能性，事实真相被隐隐指向另一个方向。LDL 是由脂肪与蛋白质组成的颗粒，主要用于胆

固醇的运输，所以胆固醇也是 LDL 的组成部分。根据戈尔茨坦和布朗的假设，胆固醇可以抑制还原酶活性。为了验证这一点，他们向细胞培养液中添加了胆固醇，不过是没有被 LDL 包被的胆固醇。实验结果显示，无论是在正常人细胞还是在家族性高胆固醇血症患者细胞里，胆固醇都是还原酶的强效抑制剂。这说明家族性高胆固醇血症患者的还原酶与健康人体内的还原酶并无二致，对胆固醇的反应性是相似的；而当胆固醇被 LDL 包被以后，它对还原酶的抑制作用就消失了。

有了上述实验结果，戈尔茨坦和布朗明白了，家族性高胆固醇血症患者的基因缺陷不在还原酶上，真正的缺陷目标物还没有发现。他们联想到胆固醇是由 LDL 包被着在细胞外进行运输的，有没有可能是胆固醇由 LDL 运送到胞内的过程出了问题呢？

他们假设 LDL 的特异性受体存在于细胞表面，并用一个简单的实验验证了这一点。首先他们用同位素"标记"了 LDL 粒子，用于测量 LDL 粒子与细胞表面受体的结合能力。通过跟踪同位素，他们发现与被标记的 LDL 粒子紧密结合的多是正常人细胞，而非家族性高胆固醇血症患者细胞。这说明正常人细胞的表面存在可与 LDL 特异性结合的受体，而患者细胞表面则缺失了该种受体。看来，参与胆固醇水平调节的的确另有其"人"。

戈尔茨坦和布朗一鼓作气，搞明白了受体是如何将胆固醇由胞外运进胞内的。首先，LDL 的蛋白质部分是胆固醇的结合部位，其作用是将胆固醇运送到靠近受体的区域并在受体帮助下将胆固醇引入胞内。接着，在胞内的胆固醇与负责运送的 LDL 分离，被释放的胆固醇分子可以在胞内参与对还原酶的调节。LDL 受体的发现解释了家族性高胆固醇血症患者的循环系统中被 LDL 包被的胆固醇不能被运送至胞内的原因——正是患者细胞表面的 LDL 受体出了问题。

THE　**生命调节逻辑**
SERENGETI RULES

正常对照组	家族性高胆固醇血症患者
LDL（含胆固醇）	LDL（含胆固醇）
∣	∣
LDL 受体	LDL 受体
⊥	⊥
还原酶	**还原酶（上升约 60 倍）**

除此之外，戈尔茨坦和布朗还发现细胞表面的 LDL 受体数量与还原酶一样被胆固醇反馈调节：当细胞内的胆固醇水平较低时，LDL 受体数量就会增加，还原酶活性也会增强；而当胆固醇增加时，LDL 受体数量与还原酶活性均会降低。这个逻辑从细胞需要维持胞内胆固醇水平的角度来说完全合理：胆固醇不足时，细胞需要从循环系统中吸收胆固醇，由于循环系统中胆固醇都是以与 LDL 结合的形式存在的，细胞本身就会通过加强 LDL 受体的合成过程，让更多的胆固醇富集到细胞表面；当胆固醇过剩时，细胞不需要从环境吸收更多的胆固醇，就会降低 LDL 受体的合成效率，减少 LDL 受体分子的表达。与此同时，运进胞内的胆固醇对还原酶有抑制作用，降低了还原酶的活性。

人体中 93% 的胆固醇储存在细胞内，其生理功能十分重要。剩下的 7% 存在于循环系统中，其中的 2/3 被 LDL 包被，另外的约 1/3 则被 HDL 包被。流行病学研究与动物实验都表明，循环系统中被 LDL 包被的胆固醇（即俗称的坏胆固醇）是血管斑块形成与心脏病发作的罪魁祸首。戈尔茨坦和布朗的工作已经揭示了胆固醇在胞内与胞外被调节的过程，这些知识能否用于心脏病的治疗呢？这两个人万万没有想到，距离得克萨斯州万里之外，一场医学界的革命早已经拉开了序幕。

胆固醇的"青霉素"是什么

远藤章（Akira Endo）在日本秋田县的一个农场长大，在那里生活的还有他的一大帮族人。他的祖父对医学与科学非常感兴趣，在他向年幼的孙子讲述有关自然的知识时，将他的兴趣与观点也一并传授给了小小的远藤章。10 岁那年，远藤为蘑菇和真菌着了迷。比如，他知道有些蘑菇可以杀死蝴蝶，却对人类没什么害处。读大学期间，他接触到了亚历山大·弗莱明（Alexander Fleming），正是此人从一种蓝绿色的青霉菌中发现了青霉素。

毕业之后，他加入了东京的三共制药公司，他的第一份工作与研究食品成分有关。当时他致力于找到一种可以降解葡萄酒与苹果酒中残余果肉的酶，为此他对 200 多种真菌进行了研究。终于，他在一种寄生在葡萄中的真菌里找到了这种酶。当这项研究成果被商品化之后，远藤把兴趣转向了胆固醇。

流行病学研究中发现的高胆固醇与心脏病之间的联系渐渐开始为人们所熟知。与许多在制药公司工作的科学家们一样，远藤也意识到胆固醇合成的抑制剂将成为非常重要的靶点药物。20 世纪 60 年代已经出现了很多以降低胆固醇为目标的药物，其中的大多数效果并不好，并且具有很强的副作用。而以还原酶为靶点的药物暂时还未出现。

在这样一片思潮当中，远藤却开始独辟蹊径。他知道真菌生产的化合物成百上千，可以抑制细菌生长的青霉素只是其中之一。他也知道在某些真菌中，胆固醇并不是细胞膜的组分，其替代物是一种名叫麦角固醇的分子。他因此推断，某些真菌可以天然地合成某种物质抑制胆固醇的合成。他的目标就是在真菌中找到可以阻断胆固醇合成的"青霉素"。

远藤采用了一种非常简单的策略。既然还原酶的合成是胆固醇合成的第一步，他设计了一个非常灵敏的实验，可以准确辨别出环境中是否存在任何抑制该种酶活性的物质，然后用这个方法在各种真菌产物当中寻找还原酶的抑制剂。1971 年 4 月，他和 3 个助手一起开始了这项工作。

日子一天天过去，远藤和他的团队对不下 6 000 种真菌产物进行了测试。经过两年的艰苦实验，他们终于找到了两个候选菌种。之后，他们致力于从这两种真菌的产物中提炼和纯化可以抑制还原酶的物质。他们首先从终极腐霉中找到了橘霉素，这是一种已经被发现的抗生素。橘霉素可以有效抑制还原酶的合成，但对动物细胞毒性太大。第二种物质于 1973 年的夏天被分离出来，生产这种物质的真菌是在京都街头米店兜售的大米里发现的橘青霉，它与从中发现了青霉素的青霉菌是近亲。

为了在实验室条件下得到足够量的该种物质，远藤和他的团队维持了 600 升真菌的培养规模，经过纯化过程得到了 23 毫克的最终纯化物，这甚至比一片普通的阿斯匹林片剂的含量还要少上许多。用这珍贵的 23 毫克纯化物，他们成功地证明了这种他们命名为 ML-236B（后来被称为美伐他汀）的复合物确实能够有效地抑制还原酶，而且是在低浓度的条件下。美伐他汀的部分结构与还原酶的天然底物十分类似，这也解释了它如何能够抑制还原酶的功能：它能够进入还原酶与其底物结合的活性位点，替代其底物与还原酶结合，从而"锁死"还原酶的功能。

在当时，美伐他汀的出现无疑为治疗心血管疾病带来了曙光。那么现在我要告诉你，远藤发现的只是众多他汀类药物的一种。截至 2012 年，世界上有 2 500 万人受益于他汀类药物，其全球产值达到了 290 亿美元。你是不是觉得远藤会因此名利双收，甚至也收获一枚诺贝尔奖的奖章呢？

事实并非如此。

美伐他汀从它问世的那天开始到最终作为心血管疾病的治疗药物被生产出来经过了非常曲折的历程。其中包含了无数人的坚持与心血，这无数人包括远藤、布朗、戈尔茨坦以及一些制药企业的执行官，然而并不包括三共制药公司。

美伐他汀：控制胆固醇的良药

远藤与三共制药公司联名发表了美伐他汀的发现，并为其申请了专利。接下来需要开展动物实验以测试美伐他汀的效用，但实验结果并不尽如人意。虽然美伐他汀在大鼠身上并没有显现出显著的副作用，但同时也没有降低胆固醇的水平。他们又将药物浓度提高并继续观察了 5 个星期，仍然没有新的发现。与此同时，美伐他汀在小鼠实验中也失败了。看起来，无论是美伐他汀的前途还是远藤多年的努力都进入了一个死胡同。

但是，远藤并没有放弃美伐他汀。1976 年春天的一个晚上，他在公司附近的一个酒吧里巧遇了一位将下蛋母鸡作为实验对象的同行。远藤一直有种想法，认为美伐他汀在大鼠与小鼠体内的失败是由于它们胆固醇调节的方式与人类不尽相同，这并不能说明美伐他汀是没有效果的。他说服了这位同行用母鸡再次实验。

事实证明远藤是正确的，母鸡摄取了美伐他汀仅仅一个月，体内的胆固醇水平就降低了50%。美伐他汀在母鸡体内的成功促成了在猴子与狗身上

的动物实验，其结果也十分鼓舞人心：实验动物体内的胆固醇水平下降了
30%～44%。由于猴子与人类在生物学上的亲缘性，这些实验结果再次让人
们对美伐他汀充满了期望。三共制药公司专门为美伐他汀的研发成立了一个
项目组，组织远藤、药物学家、病理学家、化学家以及毒理学家一起推进药
物的研发。

就在美伐他汀即将"冉冉升起"之时，毒理学家们在大剂量摄取美伐他
汀的大鼠肝脏里发现了异样。在再次决定继续临床实验之前，项目又被搁置
了几个月。刚刚进入人体实验，三共制药公司的毒理学家们再次发现了问题，
一只已经连续两年服用美伐他汀的狗肠道内出现了肿瘤疑似物。最终，三共
制药公司于 1980 年 8 月彻底停止了美伐他汀的研发。

与此同时，其他公司也注意到远藤和三共制药公司已经开展的工作。当
时，美国默克公司研发部门的总负责人是研究脂类的生物学家罗伊·威格罗
斯（Roy Vagelos）。他离开学术界投身于制药业，是希望对药物研发的既有
模式做出改变。一直以来，制药公司开发新药的模式都是在大量的化合物中
进行筛选，找到针对细胞或微生物有作用的物质，而这种搜索工作从未在分
子水平上开展过。威格罗斯致力于利用生物化学手段发展靶向性更高的药物
开发流程。他曾经与莫诺在巴黎共事过一年，也深深地受到调节逻辑理论的
影响。珠玉在前，有了戈尔茨坦和布朗对胆固醇调节过程的描述，以及远藤
从真菌中筛选出的天然还原酶抑制剂，威格罗斯意识到一种新型的控制胆固
醇的药物已经呼之欲出了。

威格罗斯发动默克公司的科学家们也在真菌中寻找类似美伐他汀的物
质。1979 年初，他们在土曲霉中找到了一种后来被命名为"洛伐他汀"的物
质，它的分子结构比美伐他汀仅仅多了一个甲基（由一个碳原子与三个氢原

子组成）。默克公司迅速以人为对象开展了洛伐他汀的临床试验。但是，当听说三共制药公司停止美伐他汀研发的消息以及他们在动物毒理学实验上的疑似失败后，威格罗斯也当机立断暂停了洛伐他汀的临床实验。美伐他汀与洛伐他汀再次淡出了人们的视野，如果不是因为得克萨斯州发生的一件意想不到的事，它们也许根本没有问世的可能。

戈尔茨坦和布朗也听说了远藤的发现。他们惊讶于美伐他汀对于还原酶强效的抑制作用，并向远藤索要了一点样品。同时，他们邀请远藤来得克萨斯州他们的实验室访问，并提出与他合作共同研究美伐他汀的想法。他们在实验中非常惊讶地发现，美伐他汀不仅能够抑制还原酶活性，同时它也促使细胞产生了更多的还原酶。这说明胆固醇的调节过程同时包含着非常重要的双重负向调节逻辑：美伐他汀降低细胞内还原酶活性，使胆固醇的合成受到抑制，因此胆固醇对还原酶的反馈抑制作用减少，从而导致还原酶的产量增加。

THE
生命调节逻辑
SERENGETI RULES

美伐他汀

⊥

抑制还原酶活性 ———→ 胆固醇

⊥ 负反馈调节弱化

产生更多**还原酶**

在了解了这些内在调节机制之后，戈尔茨坦和布朗捕捉到了一种非常令人兴奋的可能性。有了之前细胞内的还原酶与细胞表面的 LDL 受体的变化方向一致的发现，他们推断能够抑制还原酶活性的物质同时能够提高 LDL 的表达水平。如果这是真的，在细胞表面过量表达的 LDL 受体就能够从循环系统中结合更多的胆固醇，从而达到降低循环系统中胆固醇浓度，最终降低心脏病发病风险的目的。

THE 生命调节逻辑
SERENGETI RULES

美伐他汀不存在	美伐他汀存在
低　LDL 受体表达量低	↑ **LDL 受体表达量提高**
高　血液中 LDL 包被胆固醇含量高	↓ 血液中胆固醇含量降低

为了验证这一点，戈尔茨坦和布朗从默克公司要来一点洛伐他汀，用在狗身上做实验。非常肯定的是，洛伐他汀提高了 LDL 受体的表达量，更有效地从血液中清除了胆固醇。这个结果让戈尔茨坦和布朗更加坚信洛伐他汀对人类也同样有效，紧接着就传来了三共制药公司和默克公司双双停止临床实验的消息，而引发这一切的忧虑是一只疑似患癌的狗。

戈尔茨坦去日本访问了远藤，此时远藤已经离开三共制药公司到东京大学执教。远藤告诉戈尔茨坦，他并不认为那只实验用狗真的长了肿瘤，那些病理学家们有可能搞错了。他认为狗的肠道内存有大量无法消化的药物，这仅仅是由于给药剂量过大造成的一些副作用。当时给狗服用的美伐他汀的剂量是人体使用量的 100 倍，而这只狗已经吃了整整两年。戈尔茨坦也有过类似的经历，他曾经在给药剂量过大的细胞中观察到一些结构异常的现象。那么是否存在药物的毒副作用可能被夸大的事实呢？

戈尔茨坦和布朗急于找到答案，他们想知道还原酶的抑制剂到底能否在人体内发挥作用，特别针对那些高危人群，如家族性高胆固醇血症患者。为此，他们找到了两名医生，分别是戴维·比尔海默（David Bilheimer）与斯科特·格兰迪（Scott Grundy）。他们的计划是开展一个小型实验，对象是6名胆固醇与LDL水平都超标的家族性高胆固醇血症患者，目的是考察洛伐他汀是否能够降低他们的LDL水平。与他们的期望一致，洛伐他汀的确增加了LDL受体的数量，使血液中的胆固醇水平下降了约27%。

戈尔茨坦和布朗兴奋不已，他们给威格罗斯写了一封信，阐述了洛伐他汀如何扭转了家族性高胆固醇血症患者体细胞内LDL受体表达过低的颓势，从而为治疗这种遗传性疾病提供了全新的思路。他们宣称："我们的目的不是修复破损的基因，而是通过对细胞内调节机理的发掘，让正常的基因更努力地工作而已。"这时，距离远藤发现美伐他汀已经过去了整整10年，默克公司与三共制药公司放弃还原酶抑制剂的开发也是3年前的事了。戈尔茨坦与布朗极力说服威格罗斯，让默克公司尽快恢复研发工作。

几个月之后，默克公司针对洛伐他汀重启了更大规模的临床实验，但此次实验的对象仅限于胆固醇水平过高以及有心血管疾病急需得到有效治疗的病人。洛伐他汀是否属于致癌物质或者是否还具有其他毒副作用，仍然是执行层面考虑的主要问题。当时，默克公司新任研发负责人爱德华·斯柯尼科（Edward Skolnick）博士坚信，如果能够去除所有的负面因素，洛伐他汀将成为一种非常了不起的药物，为此他组织了专门队伍，对洛伐他汀的毒性进行全面彻底的研究。斯柯尼科的到来及他本人对洛伐他汀的信心极大地鼓舞了戈尔茨坦和布朗，他们三人早在麻省总医院做轮转医生时就已经互相认识，后来戈尔茨坦与斯柯尼科还共同管理了一间美国国立卫生研究院的实验室，并因此成为好友。斯柯尼科专程来到得克萨斯州，造访老友之余，更是为了全面学习有关胆固醇调节的知识。

为了鉴别动物体内的器官损伤是源于药物的直接作用，抑或是由于给药过量造成的，戈尔茨坦和布朗设计了一个非常聪明的实验。让斯柯尼科特别高兴的是，从这时起一切都像"开了挂"，没有组织损伤出现，也没有证据显示药物的致癌特性。斯柯尼科已经非常确定洛伐他汀对人类是安全的。

经过两年的测试，洛伐他汀被发现可以同时使血浆中离散的胆固醇以及与 LDL 结合的胆固醇降低 20%～40%。1987 年 8 月，默克公司向美国食品药品监督管理局（FDA）申请正式生产洛伐他汀，并得到了通过。

然而，就算有了不错的临床实验结果及美国食品药品监督管理局的批复，医学界对于这种药物的普适作用仍抱有怀疑。毕竟，做药的最终目的不是降低胆固醇，而是减少死亡率。为了衡量他汀类药物的长效表现，默克公司又对一种下一代的他汀类药物（辛伐他汀，也叫佐克）开展了一项囊括 4 444 个病人、长达 5 年的研究计划。实验结果超出了所有人的想象：冠心病的致死率极好地下降了 42 个百分点。

由于效果如此良好，人们迅速接受了他汀类药物。多亏了这类药物的出现，让美国人群中的心脏病致死率，自安塞尔·季斯发出胆固醇过量的警告以来，下降了 60 个百分点。

这的确是一场革命。但是，如果没有戈尔茨坦与布朗对胆固醇调节机理的发现，没有远藤在真菌中寻找还原酶抑制剂的奇思妙想，没有默克公司管理团队坚持的勇气，甚至缺了那两个临床医生，这场革命就根本不会发生。

由于其突出贡献，戈尔茨坦与布朗分享了 1985 年的诺贝尔生理学或医学奖（如图 4-2 所示）。威格罗斯于 1985 年出任默克公司的 CEO，并带领整个公司经历了不断创新也不停收获商业成功的 10 年。

图 4-2　约瑟夫·戈尔茨坦与迈克尔·布朗。该照片拍摄于 1985 年诺贝尔生理学或
　　　　医学奖宣布得奖名单的当日。

Photo courtesy of Joseph Goldstein.

　　至于远藤，事实证明，他根本没有从中获利半分，甚至在很长一段时间内，他的贡献都不为人所知晓。直到 2003 年，京都市专门为他举办了一场研讨会，以纪念 13 年前他发现美伐他汀。在获得诺贝尔奖之后的感言部分，戈尔茨坦与布朗说："没有远藤，也许就永远没有他汀类药物的出现……数以百万计的生命得到了延长的人们应当感谢远藤及其有关真菌提取物的艰苦卓绝的工作。"

THE SERENGETI RULES

05

癌症是什么

> 战胜癌症的动机不仅是怜悯或者恐惧，也是为了满足
> 我们的求知欲望。
>
> ——赫伯特·乔治·威尔斯

　　"自行车代步"在芝加哥大学的校园里已经成为一种风潮，人们纷纷效
仿，因而并没有人会特别注意到，每天都有个人雷打不动地骑着一辆红色的
自行车横穿校园（如图 5-1 所示）。如果稍微仔细一点观察，你会惊讶地发现
骑车的人是个姿态优雅、白发苍苍的老者。但是，估计你怎样也想不到这位
快乐的老太太已经 88 岁高龄了，你更不会想到这位 5 个孩子的祖母是一位
非常了不起的科学家，她最近刚刚被授予了国家最高平民奖：总统自由勋章。

　　她就是珍妮特·戴维森·罗利（Janet Davison Rowley）。身为癌症研究领
域的前沿人物，珍妮特的最大贡献是证实了癌症是一种与遗传有关的疾病。
她所面对的问题的复杂程度，远远超过了诸如细菌里糖代谢的过程，或者人
体内胆固醇的调节过程等。在学术的道路上，她并不是孤独的，与她同时展
开相关研究的学者包括莫诺、雅各布、布朗以及戈尔茨坦。他们共同的目标
是寻找一种调节机制被打破的异常情况，并且搞清楚其发生机理。正是珍妮
特的突破性发现让人们开始重新审视癌症，与此同时能够治病的新药也应运
而生了。

图 5-1　珍妮特·罗利在去实验室的路上。

Photograph by Dan Dry. Courtesy of the *University of Chicago Magazine*.

染色体易位与癌症

　　珍妮特成长于大萧条时期的芝加哥。因为生活拮据，幼小的她就跟着父母频繁地搬家和换学校。时势艰难，生活不易，于是任何的娱乐活动都变成了一种奢侈。在这时，珍妮特的父亲开始引导她收集邮票，这很快就让她在细节分析上显露了天分。在很小的时候，她就能够分辨出事物之间轻微的不同，如是否少了一个句号或者什么其他符号。这个习惯一直跟随她至成年，并在她之后的研究道路上发挥了巨大的作用。

在高中读了两年之后，珍妮特获得了芝加哥大学的特别奖学金，并在 15 岁那年成为芝加哥大学的学生，在那里完成了剩余的高中及本科学业。珍妮特在这种既充满挑战又富有帮助精神的环境中茁壮成长，与此同时她对生物学和医学产生了浓厚的兴趣。于是，她申请并进入了医学院。但是在 1944 年，那个女性还未获得真正的平等权利的年代，全班 65 个名额，只有 3 个预留给了女性。由于当年的女生名额已经满了，珍妮特只能等到下一年才能入学。尽管如此，她入学的那年也只有 20 岁。1948 年，珍妮特拿到了医学博士学位，毕业后的第二天，她就嫁给了自己的同学唐纳德·罗利（Donald Rowley）。

珍妮特（现在是罗利博士了）很早就完成了学业和相关的职业训练，但她真正走上科研之路是很久之后的事了。刚刚进入医学院的时候，她只是想成为一个好妻子和好母亲。她对当医生有一点点兴趣，认为这是个不错的兼职。所以刚刚完成实习后，她就和唐纳德组建了他们的小家庭。珍妮特有了 4 个孩子，她的大部分时间和精力都投入了孩子的抚养和教育，而她自己的事业仅仅限于每周坐诊几天，开始是在马里兰州，后来他们又回到了芝加哥。

其中一个诊所会给有发育障碍的小孩看病。1959 年，唐氏综合征患儿的病因被确定，是由于人类第 21 号染色体多出了一条拷贝。这时距离搞清楚人类染色体确切数量（23 对，46 条）刚刚过去了没几年。正是由于频繁地接触到唐氏综合征患者，珍妮特开始深刻地思考这类遗传性基因疾病。在诊所工作了数年之后，珍妮特想重回科研领域攻克医学难题，她对这项具有挑战性的工作跃跃欲试。

机会很快就来了。当时唐纳德正计划他的学术年假，准备去牛津大学访问霍华德·弗洛里，后者是查尔斯·埃尔顿的挚友，也是 1945 年诺贝尔奖生理学或医学奖的共同获奖者，他的主要贡献是合成了青霉素。珍妮特认为她可以利用在英国的时间学习染色体分析技术，并将其带回芝加哥。在当时，整套技术流程包括首先分离血细胞，之后将其培养在富含同位素标记的 DNA 前体的培养液中，血细胞的染色体就会嵌入被标记的 DNA 前体，而同位素释放出的射线会在特殊的胶片上显影出染色体的轮廓和形态。这项技术确定了人类染色体的数量，并且可以用来检测染色体异常的情况，但是基于精确度的限制，并不能提供更多有关染色体的细节信息。

珍妮特很快掌握了该项技术，她参与了一项研究细胞在分裂时染色体如何自拷贝的工作，并与其他作者共同发表了一篇学术论文。回到芝加哥以后，她决定停止诊所的工作，全心投入科学研究事业。珍妮特找到了利昂·雅各布森（Leon Jacobson）博士，他是阿贡癌症研究院的院长，也是芝加哥大学曼哈顿计划研究组前首席医生。

珍妮特只发表过一篇学术论文，但是她拥有非比寻常的勇气与坦率，尽管她面对的是大人物，但她从没有打过退堂鼓。"我在英国曾经开展了一项科学研究，我不想放弃，我想接着做下去。你能不能给我一个机会，我只需要一台显微镜和一间暗房而已。还有，我希望是有偿工作，因为我得请人照顾我的孩子们。"

不得不说雅各布森非常有眼光，他同意了所有的条件，珍妮特终于以研究者的身份开始研究工作了。珍妮特最初的研究对象是血液异常患者的标本。在这些异常血细胞里，她能够判断出染色体的缺失或多余，但是无法辨别具体在哪条染色体上发生了这些变化。这个难题直到一种新的染色体显带技术的出现才得以解决。珍妮特为了学习这项技术又专门去了一趟英国。之后，她开始重点研究白血病人的染色体异常样本。

1972年初，在两个急性白血病患者的血液样本中，珍妮特发现了一种不寻常的现象：8号染色体和21号染色体同时断裂并错误地连接配对了。这种现象后来被命名为"染色体易位"。两个病人发生了同样的染色体易位并导致了同一种癌症的发生，这个奇特的现象立即就引起了轰动。

在那个时代，癌细胞含有异常数量的染色体是一个普遍的认知。但是如果仔细考查的话，许多癌症的染色体异常表象是多种多样的。由于缺乏统一的可辨形态，染色体偏差通常被认为是癌症发生之后的现象，而非致病原因。所以，人们对于遗传因素导致癌症发生的说法并不接受。到了1966年，佩顿·劳斯（Peyton Rous）获得了诺贝尔奖，他的成就是发现了一种可以导致鸡患癌的病毒。他这样说道："对于癌症发生的原因，一种普遍的认知是致癌因子导致了生物体细胞内的基因发生变化……但是无数的例证已经让我们彻底抛弃了这个理论。"

难怪珍妮特感到如此兴奋。正是在以上种种质疑传统理论的声音当中，珍妮特意识到她在那两个白血病患者血液样本中的发现可能揭示了癌症的致病机理。她向著名的《新英格兰医学期刊》提交了一篇简短的报告，但是遭到了拒绝。她打电话过去询问理由，得到的回答是她的发现"不重要"。之后她转投了以晦涩难懂著称的法国杂志《遗传学纪事》（*Annales de Génétique*），终于得到了认可。

　　紧接着，珍妮特开始研究慢性白血病患者的样本。相对于前文提到的急性白血病，这已经是一种不同属性的癌症。珍妮特沉迷于比较这两种病症的异常染色体，即使休假在家，她依然兴致勃勃地关注着这些染色体上的所有细节。她首先给染色切片拍照，之后把所有的染色体剪下来，贴在便利条上，她家的餐桌上撒满了这些东西。通常配对的染色体都是在中间部分连接在一起，形态上就像伸出了手臂和腿的人。孩子们经常戏谑说妈妈每天和纸娃娃黏在一起。

　　其实，在此许多年前，两位来自费城的研究人员就发现一些慢性白血病人的 22 号染色体比正常人的短，"费城染色体"也由此得名。后来珍妮特采用新的染色技术更仔细地观察了慢性白血病人的样本，她发现，在 3 例病人的样本中，9 号染色体的长度都超过了正常值。事实上，正是 22 号染色体缺失的部分转移到了 9 号染色体上。也就是说，慢性白血病患者的癌细胞里并没有发生信息丢失，而是如之前猜想的一样，它只是换了个地方（如图 5-2 所示）。

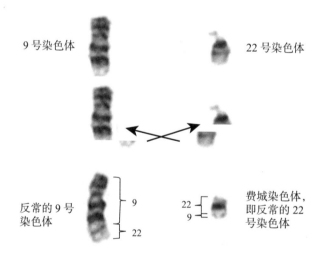

图 5-2　造成白血病发生的染色体变化。珍妮特·罗利注意到，在慢性白血病患者细胞包含的染色体当中，22 号染色体（即费城染色体）不仅个头偏小，同时它也与 9 号染色体发生了交换。

因为有了 3 个独立样本可以证实 9 号染色体和 22 号染色体之间的易位，珍妮特有了很大的信心。她向誉满国际的科学前沿杂志《自然》（*Nature*）投了一篇报告，却再次被拒绝了。杂志审稿人认为，染色体易位可能只是人类染色体形态上的一种正常分支，而不是导致疾病的原因。

与此同时，珍妮特也观察了病人血液样本中正常的血细胞，发现其中的染色体数量和形态是正确的，也就是说，染色体易位只发生在癌变的细胞当中。除此之外，她又发现了 9 个独立的样本，它们来自不同的慢性白血病患者，却带有相同的染色体易位特性。这已经不能用巧合来解释了。基于这些佐证，《自然》于 1973 年夏天发表了这篇报告。

珍妮特的发现，包括在两种不同的癌症病例中发生在不同染色体上的易位现象，有力证明了至少一部分癌症源自特定的基因突变。她所观察到的易位现象给人们提供了全新的思考空间。一个又一个新的问题接连蹦了出来：还有其他的染色体易位现象吗？癌症又是怎么被染色体易位激活的呢？这些问题都困扰着珍妮特。原本这只是一份兼职工作，现在珍妮特竟然全身心地投入了。在 48 岁那年，她的生活重心和职业道路被重新规划，原本只是作为生活"调味剂"的科研工作一跃成为她生活的重心。也正是从那一年起，她开始了每周 5 天骑车去实验室的生活。

之后不久，珍妮特又在急性白血病中发现了一个新的染色体易位，是发生在 15 号和 17 号染色体上的。而另外一个科研小组在伯基特氏淋巴瘤当中也发现了一个染色体易位现象。

染色体易位，描述的是两条相邻的染色体之间的 DNA 片段发生了互换。珍妮特认为，错误连接发生后，新的染色体是癌症发生过程中的关键因素。但是在 1970—1980 年，人们对人类基因组（人类基因组包括了人类的 23 对染色体，其中含有人类所有的遗传物质 DNA）的认知仍然是一张白纸。即便承认了染色体易位可以导致癌症，仍然无法确切分辨出是哪些基因在其中发挥作用。

原癌基因

人们并不愿意接受染色体变化可以导致癌症发生的概念，对于病毒也可以导致癌症发生的理论更是嗤之以鼻。1910 年，来自洛克菲勒的学者佩顿·劳斯发现了一种可以在鸡身上诱发癌症的病毒。他的发现饱受质疑，他本人在当时的实验条件下，虽然坚称这种病毒存在，但是由于没有实验佐证，只能遗憾地放弃了相关的工作。直到 10 多年之后，人们终于可以在电子显微镜下观察到这种病毒，并且随着其他可以诱发肿瘤的病毒陆续被发现，致癌病毒的概念才真正地被接受。劳斯在这项发现的 56 年之后被授予了诺贝尔奖。不过在当时，人体内并没有发现类似的病毒，病毒在人类癌症的发生中的作用也没有得到证实。

尽管这些致癌病毒看起来和人类癌症并无直接联系，但它们还是为研究癌症诱因和发生机制提供了思路。例如，劳斯肉瘤病毒（RSV）本身基因组非常简单，只包含几个基因，因而相对容易确定致病性来自哪里。

做出这个突破的是一个年轻人，他叫史蒂夫·马丁（Steve Martin），是加州大学伯克利分校的研究生。他分离出了一种基因发生变异的劳斯肉瘤病毒，这个变异株可以在细胞中增殖，却并不能诱导正常细胞变异成为癌细胞。变异发生在一个名叫 src（即鸡肉瘤病毒基因组中的基因）的基因上，其属于整个病毒基因组所含的 4 个基因之一。由于野生态的病毒 src 基因可以诱导正常细胞癌化，因此它被称为一个病毒癌基因。但是，src 基因并不能从根本上解释癌症的发生过程，特别是在人类样本中还缺乏实证。

这时，两位来自美国国立卫生研究院的年轻医生敏锐地捕捉到了肿瘤病毒带来的启示，他们是哈罗德·瓦慕斯（Harold Varmus）和 J. 迈克尔·毕晓普（J. Michael Bishop），同时也是戈尔茨坦和布朗的同班同学。在这里，他们的研究方向并不相同。瓦慕斯师从莫诺和雅各布，研究生物酶的调节；而毕晓普的研究对象则是引起小儿麻痹症的脊髓灰质炎病毒。1970 年，瓦慕斯加入了毕晓普在加州大学旧金山分校的实验室研究肿瘤病毒 RSV，那是他们的首次合作。后来，他们成立并共同管理联合实验室。

瓦慕斯和毕晓普继续开展工作，他们对 src 的起源感到疑惑。作为病毒本身仅有的 4 个基因之一，src 并不参与病毒感染细胞和在细胞中复制的过程。令人费解的是，如果 src 不具备不可或缺的功能，那么它存在的意义在哪里？他们大胆地猜测 src 基因是病毒在体细胞内增殖的过程中偶然从体细胞基因组"偷"出来的。如果这个猜测是正确的，那么在鸡的正常体细胞里也应该存在一份相同的 src 基因拷贝。

说起来不是很难，但做起来却不容易。从体细胞内寻找 src 基因，在基因工程技术还不发达的那个年代显然是项耗时耗力的工程。他们用同位素标记的含有 src 基因的 DNA 片段去寻找在体细胞中可以配对的相同基因，完成这个关键性的实验用了 4 年时间。1974 年 10 月，一位名叫多米尼克·施特赫林（Dominique Stehelin）的博士后研究人员首次得到了清晰的实验结果，src 基因的确存在于鸡的基因组当中。人们把它命名为 c-src，代表在体细胞中发现的 src 基因，以示与在病毒中发现的病毒癌基因 v-src 相区别。鸡并不是 c-src 的唯一载体，之后又陆陆续续在鸭、火鸡和鸸鹋身上也发现了。

但是 c-src 并不是一个鸟类专属基因。瓦慕斯、毕晓普和他们的同事黛博拉·斯佩克特（Deborah Spector）一起在哺乳动物，包括人类的基因组当中也发现了它的同源体。因此 c-src 基因很可能出现于进化史的前端，是有着漫长历史的古老基因。

这说明什么呢？瓦慕斯和毕晓普在仔细地衡量之后谨慎地提出了几种令人十分兴奋的可能性。首先，c-src 基因十分古老，它普遍存在于动物体细胞之内长达几百万年，却并没有发生显著的变化，表明它在体细胞中有着不可或缺的重要功能。其次，c-src 与 v-src 的高相似度揭示了恶性瘤病毒 RSV 很可能从其宿主细胞上"窃取"了 c-src 基因片段，在病毒自身繁衍和传播过程中 c-src 发生了变异，成了导致宿主细胞发生癌变的致病基因。

如果 src 的故事是真的，它应该不是一个孤例。人们致力于找到其他的病毒癌基因和体细胞中它们的同源体。很快，人们在一些致癌病毒的基因组中发现了多种癌基因，如 myc、abl 和 ras 等，也在它们的宿主包括鸡、小鼠和大鼠等动物身上发现了它们的同源体，甚至包括人类在内的非宿主体内也有。这些发现壮大了病毒癌基因的队伍，更近一步印证了病毒癌基因来源于其宿主细胞的事实。由于宿主细胞内的癌基因同源体不具备致癌特性，而是具有正常细胞功能的基因，因此它们被命名为原癌基因。

于是，20 世纪 70 年代末期，关于癌症的起源出现了两种毫无关联的观点。病毒癌基因和细胞原癌基因的理论有效地解释了病毒是怎样导致癌症发生的，相关的实例仅仅存在于动物当中。同时，在癌症病人中反复出现的染色体异常现象也有一定的说服力，但是仅限于特定的肿瘤形态。问题是，这二者之间存在内在关联吗？

答案是肯定的，而且这种关联阐明了癌症是一种与调节相关的疾病。

打破调节的法则

继 src 之后首个被发现的病毒癌基因叫作 v-abl,是在小鼠艾贝尔森（Abelson）白血病病毒中发现的,同时发现的还有它的小鼠体细胞同源体 c-abl。和 c-src 一样,c-abl 也存在于人类基因组当中。当研究人员发现 c-abl 是人类 9 号染色体上的一个基因,他们意识到这与珍妮特的发现不约而同地指向了同一个方向,一个大胆的假设呼之欲出：慢性白血病人样本中发现的染色体断裂很可能发生在 c-abl 基因附近。

这一点并不容易求证。染色体本身包含的信息量十分庞大,一条染色体平均含有 1 000 个基因,那么在 9 号染色体上找到 c-abl 的概率就是千分之一。一个偶然的机会,由荷兰和英国科学家组成的团队标记了带有费城染色体（22 号染色体）的细胞,然后他们惊奇地发现,原本在 9 号染色体上的 c-abl 基因转移到了 22 号染色体上（如图 5-3 中左图所示）。

这个发现使大家普遍相信 c-abl 基因与人类癌症的发生有直接关系。为了找到更多的证据,科学家们提取了慢性白血病人细胞中 22 号染色体上的 c-abl 基因,发现在不同的病人样本中,c-abl 都转移到了 22 号染色体上的同一位置。所有的样本都具有两个相同特征：一是 9 号和 22 号染色体异常断裂及错误配对,二是断裂和配对的位置是固定的。种种迹象表明 c-abl 转移到 22 号染色体上是导致癌症发生的关键。事实是 c-abl 与另一个名为 bcr（断点聚集区的简称）的基因发生融合（如图 5-3 中右图所示）,其转录成的异常蛋白质具有 c-abl 的"头部"及 bcr 的"尾部"。

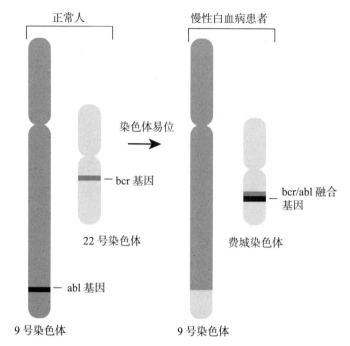

图 5-3 该图表示了，在某些特定情况下，两个基因的融合导致了原癌基因变成了
癌基因。在慢性白血病人的癌细胞当中发现来自 9 号染色体上的 abl 基因
与来自 22 号染色体的 bcr 基因发生了融合，该融合基因转录而成的蛋白质
具有异常高的活性。

Illustration by Leanne Olds.

　　巧合的是，这个融合过程导致正常的原癌基因变成了癌基因。研究人员
通过比对正常的 c-abl 蛋白质及异常的 bcr/abl 融合蛋白质，让真相逐渐浮出
水面。c-abl 蛋白质是酪氨酸激酶家族的成员，其主要工作原理是以磷酸基团
修饰各类蛋白质使其磷酸化。磷酸化和去磷酸化是细胞中常见的调节手段，
代表了多种蛋白酶的活化和去活化过程。激酶是细胞内信号传导系统的重要
组成部分，它们控制着胞外信号向胞内及核内传导的每一个步骤，决定了细
胞的增殖、分化和凋亡。与正常的激酶不同，bcr/abl 融合蛋白质带有的突变
使它不再接受磷酸化和去磷酸化的调节，它本身成了一种天然状态下始终活
化的激酶，因而具有超高的活性。

这就是我们认为白血病是与调节有关的疾病的原因。慢性白血病人体内异常的 bcr/abl 融合蛋白质打破了白细胞正常的调节过程。这个具有超级活性的蛋白质介入了一系列的信号传导过程，我们可以把它想象成汽车里被卡住的油门，信号通路被"卡住"了，就会一直处于开启状态。后续的科学研究发现，很多种癌症细胞中发生在原癌基因上的突变都是相似的，这更加确认了癌症和调节有关。

原癌基因及其开关模式的发现是癌症研究中一个质的飞跃，但是这也只能解释一半遗传学上与癌症有关的问题。有心的读者们，通过本书到这里为止所讲解的有关调节的逻辑，你可以猜出我们要说的另一半故事是什么了吧。"卡住"的油门不是让汽车失控的唯一方法，你能想到其他的可能吗？（想想负反馈调节及双重负向调节的逻辑。）

相信你已经有了答案。既然有了"卡住"的油门，也就可能有掉链子的刹车系统。信号通路不能一直处于开启或关闭状态，任何调节过程的异常都有可能导致癌症发生。

抑癌基因

第一个遗传学上的"刹车系统"是在一种罕见的眼部癌症里发现的。这种癌症发病较早，常见于幼童，带有家族遗传的特征。一个关于这种癌症起源的重要线索是，在很多同类病人的体内发现他们的 13 号染色体的两个拷贝全部缺失，暗示某个或某些位于 13 号染色体上的基因缺失是这种眼部癌症发病的主要原因。这与原癌基因有很大区别：原癌基因上总是只有一条拷贝发生异常（比如 bcr/abl），并成为癌症发生过程中的关键性事件。

如果用遗传学的语言进行描述，原癌基因突变体是支配性的显性基因，因其两个基因中只要有一个拷贝发生突变就能致病。相反，眼癌突变体是被支配的隐性基因，其致病机理需要两条拷贝同时改变，从而可以认定发生突变的基因是对癌症发生有抑制作用的"抑癌基因"。

人们开始集中攻关，要找出在眼癌病人体内缺失的 DNA 片段，Rb（一种肿瘤抑制基因）基因由此问世。Rb 基因并不导致癌症发生，恰恰相反，Rb 基因的缺失是细胞癌化的原因。人们对 Rb 蛋白质进行了广泛研究，发现这是细胞生命周期中一个重要的调节分子。比如，细胞要增殖，首先必须全部拷贝其遗传物质 DNA 并平分为二，这分为数个过程，每个过程都受到精准严格的调节。Rb 蛋白质作用在细胞周期早期的一个检验点，它的正常作用是阻止细胞拷贝其遗传物质。如果 Rb 基因的两条拷贝都被破坏，细胞将会不受控制地重复拷贝其遗传物质。

Rb 并不孤单。迄今为止，约有 70 种抑癌基因被发现。Rb 突变也不仅仅发生在眼癌病人身上，其他类型癌症例如骨肉瘤和肺癌中也均有发现。

除此之外，突变不是 Rb 基因失去活性的唯一原因。如前文提到的，磷酸化是细胞中重要的调节手段，Rb 蛋白质也可以在激酶作用下被磷酸化。磷酸化程度最轻的 Rb 蛋白质是最活跃的，而过磷酸化可导致 Rb 蛋白质失去活性。许多原癌基因都能直接或间接地过度磷酸化 Rb 蛋白质，从而使其失去活性导致癌症发生，其中就包括 bcr/abl。事实上，在绝大部分人类癌症当中，Rb 基因都被关闭了。

现在，我们再次遇到了负反馈调节及双重负向调节。简而言之，Rb 基因的功能是抑制细胞增殖，细胞要正常生长就必须抑制该基因。如果完全让 Rb 基因失去活性或者完全移除该基因，都会导致细胞持续生长而不受控制。

THE
SERENGETI RULES

生命调节逻辑

原癌基因突变导致的癌症	抑癌基因突变导致的癌症
原癌蛋白质（bcr-abl）	原癌蛋白质
⊥	⊥
Rb 蛋白质失活	Rb 基因缺失
⊥	⊥
DNA 复制，细胞增殖	DNA 复制，细胞增殖

莫诺和雅各布在几十年前提出假说，认为癌症来源于细胞分裂抑制机制的失活。巧合的是，Rb 基因的功能完美地印证了这一点（见第 3 章）。

随着知识的积累，人们对于癌症发生机理的细节认识得更加深刻。如何让癌变细胞周期调节恢复正常，如何使"油门"和"刹车"恢复正常，成为新的挑战。

有逻辑的疗法和合理性制药

长久以来，癌症的传统治疗方法包括外科手术、放疗以及鸡尾酒疗法等，目的是消灭不断分裂的癌细胞。其中放疗和鸡尾酒疗法均缺乏只针对癌细胞的特异性，在杀死癌细胞的同时也会对正常组织造成伤害，对病患有严重的副作用。人们研究癌症的一个重要目标，即针对每一位患者设计出更有效、更安全的个性化医疗方案。在研究者的努力下，这正在成为事实。这类新药中的前沿，是名为格列卫的抗癌药物，其作用靶点正是珍妮特·罗利曾在她的餐桌上摆弄的那个异常的 22 号染色体上的 c-abl。

格列卫在正式面世之前也曾命运多舛，很多次差点"胎死腹中"。事实上，格列卫的问世和抑制素他汀类的发现两者之间充满了神秘的千丝万缕的联系。总之，感谢这些医生和科学家们，是他们看到了格列卫的应用前景并不遗余力地工作，最终成就了格列卫，并且该药物在临床试验上的成功几乎改写了整个医学史。

接着说我们的故事。染色体位移导致 bcr 和 abl 基因被错误地融合到一起，经过转录过程，该基因可以生成一种超活性的蛋白激酶，后者导致 Rb 抑癌基因完全失去活性，细胞进入不受控的增殖过程。在这种负调节受阻的情况下，顺着双重负向调节的逻辑，我们需要加入 bcr/abl 基因或蛋白质的抑制剂，才能使调节过程回归正常的轨道。

尼克·莱登（Nick Lydon）和亚历克斯·马特（Alex Matter），是两位来自瑞士巴塞尔小城的汽巴嘉基制药公司的科学家。他们认为，既然原癌基因突变产生变异的激酶是致使癌症发生的重要原因，引入酶抑制剂就应该可以抑制癌细胞的生长。而在生物体内寻找某种特殊酶的抑制剂无异于大海捞针。两位科学家独辟蹊径，他们摒弃了制药业传统盲目的筛选过程，选择了一种更为主动的解决问题的方式，称之为"合理性设计"。合理性设计指的是分析未知酶即将结合的靶位点的空间结构，由此推测出未知酶的空间构象，简而言之，就是按照锁的形状配钥匙。经年累月的反复实验后，他们最终得到了几种化合物，包括一种可以抑制 c-abl 激酶的分子。

为了检验这些化合物是否真的对慢性白血病有效，莱登找到来自俄勒冈健康与科学大学的布莱恩·德鲁克尔（Brian Druker），不仅是因为他对 bcr/abl 激酶非常感兴趣，更重要的是他手头上有慢性白血病人的细胞样本。通过实验，德鲁克尔发现莱登给他的化合物中，有一种可以在极低剂量下特异性杀死癌细胞，而不影响正常细胞。

正当德鲁克尔、莱登和马特为这个发现感到狂喜时，突然传来一个坏消息。公司对慢性白血病特异性药物的市场和销售前景都不看好，并不是十分支持这个项目。他们花了一年多的时间与公司进行交涉，争取到了进行动物实验的机会。然而，第一个以狗为对象的毒理性试验结果不是十分理想，内服这种药物并不安全，副作用可能很大。紧接着，公司发生了地震，汽巴嘉基和山德士并购之后组成了新的公司诺华。新公司成立之后，对该项目研发的支持者越来越少，不久莱登也辞职了。

诺华公司的科学家们还是把这种化合物做成口服药，并在狗身上进行了新一轮动物实验，结果继续不理想，安全隐患依然是头顶悬着的一把利剑。一个毒理学研究人员这样告诉马特："除非我死了，这个药是不可能拿出去给人吃的。"

事情到了这一步已然非常糟糕，但是德鲁克尔并不想放弃。他手里的病人预后非常糟糕，1/4 到一半的病人都在疾病被发现后一年内故去。作为一个医生，他唯一能做的就是用有限的治疗方案让他们多活哪怕一点点时间。德鲁克尔认为，通过密切观察病人的体征和严格剂量要求等手段，任何药物的毒性都是可以被控制的。他请求马特"给他最后一次机会"，马特以这个药的应用前景和未来需求说服了公司的管理层。最终，诺华公司的新 CEO 丹尼尔·魏思乐（Daniel Vasella）签署支持了这项在人体内进行的临床试验。这项研究于 1998 年 6 月启动，距离德鲁克尔第一次在人源癌细胞上的测试已经过去了大约 5 年时间。

德鲁克尔与其他两位医生开始在一小部分慢性白血病人里展开试验，他们一边监视病情发展及可能出现的副作用，一边逐渐增加剂量。最重要的实验指标是白细胞的数量。正常人每毫升血液大约含有 4 000 ~ 1 万个白细胞，慢性白血病人可以达到 10 万 ~ 50 万个。低剂量的试验没有显示出任何效果。随着给药剂量的增加，他们观察到病人体内的白细胞数量居然降到了正常水平。同时，在显微镜下观察发现，病人体内带有费城染色体的细胞数量也降低了。这个药成功了。

紧接着诺华公司开始全力支持该药物的开发。试验范围在扩大，人数在增加，剂量也在增加，病人随诊时间长达数月。结果十分可喜，97% 的病人在接受药物试验之后，在短短 4 ~ 6 周的时间里，白细胞的数量就能恢复正常。在 3/4 病人体内，带有费城染色体的癌细胞完全消失了。这个结果已经超出了"好"的范畴，甚至纵观整个化疗史，这都能说是个伟大的发现，结果堪称完美。美国食品药品监督管理局给予该药物优先审查权，批准过程只用了 3 个月，格列卫最终于 2001 年 5 月问世。

格列卫的确给慢性白血病人带来了生存的希望，8 年以上存活率由原来的 45% 提升到接近 90%。与之前公司预测完全相反的是，这枚重磅炸弹 10 年间为诺华公司带来了 280 亿美元的经济效益。2012 年，莱登、德鲁克尔和珍妮特共同获得了日本国际奖，以表彰他们在慢性白血病的机理研究和疾病治疗上所取得的巨大成就。

慢性白血病的药物研发中采取的"合理性设计"方案，无疑是巨大的成功。但是，除了格列卫，bcr/abl 和慢性白血病，对于其他癌症，通向成功的道路会是相似或唯一的吗？癌症真的已经可以被治愈了吗？

找到敌人，干掉他

成年人体内约 37 万亿个细胞大概可以划分为 200 多种不同的种类。由最初的一个受精卵到成熟人类的发育过程包括了细胞的增殖和分化，以及人类成年后不同组织细胞更新换代但保持数量不变的复杂过程，这显然需要精确而深层次的调节手段的介入。其中的一个过程即为数以万亿计的 DNA 大分子的复制过程。从概率论的角度阐释，DNA 复制过程一定会有错误发生，就是我们常说的基因突变。大部分的基因突变是无害的，只有少数会影响到基因的功能，导致疾病发生。因此，了解不同的癌症由哪些位点上的 DNA 突变引起，是正确诊断和靶向治疗的关键。

自从珍妮特首次在显微镜下发现癌细胞染色体异常断裂以来，分析癌症的技术手段也在不断进步。随着 DNA 测序技术的不断突破，测序速度成百倍提升，成本大幅下降，分析癌细胞的完整 DNA 序列已经由不可能变成了常规。在提取了上千种肿瘤的组织样本进行研究分析之后，研究人员总结了一份突变目录。对每种癌症中出现的 DNA 突变或丢失频次进行总结，即可得出针对每种癌症的特异性的基因型。

一个重要的发现是，人类染色体中仅有一小部分基因的突变和癌症的发生有相关性。有数据显示，在人类的约 2 万个基因当中，仅有 140 个基因的突变型频繁发生在各种癌细胞里，其中约一半为原癌基因，剩下的一半为抑癌基因。无论对研究人员、医生，或者是患者来说，这都是一个好消息，起码大幅缩小了目标范围。这些基因基本上属于十几条已为人熟知的、控制细胞分化增殖和凋亡的信号传输系统和传导通路。

另外一个重要的发现是，几乎所有的癌症都带有属于这 140 条易突变基因中的 2~8 个突变位点。如果我们掌握了肿瘤基因在哪些位点上如何被改变，就能够将其合理分类，并准确预测病程和病理状况，最终辅以对症的靶向治疗手段。1997 年，那时市面上还没有任何特异性针对某种癌症的某个突变基因的药物。然而到了 2015 年，已经有将近 40 种这类药物问世，还有更多的产品在研发当中。在征服癌症的道路上，我们迈出了坚实的步伐，但是距离成功仍然很遥远。

2010 年，珍妮特·戴维森·罗利被诊断出罹患卵巢癌。在治疗过程中，她向同行们提供了自己的活检样本。2013 年 12 月 17 日，她不治身故，死因是并发症。之前，她曾要求捐献遗体用于相关的科学研究。她的一生都献给了攻克癌症难题的事业，直至生命的最后一刻。

本章开篇我引用了赫伯特·乔治·威尔斯（Herbert George Wells）的一段话，阐述了人类希望征服癌症背后的动因。这段话来自他的小说《与此同时》（Meanwhile），在此我故意遗漏了前面的一句："癌症最终将被放逐出我们的生活，而完成这一使命的人，是那些在医院和实验室里，理性、克制、没有人情味的工作狂们。"

事实上，那些在攻克癌症的道路上做出杰出贡献的科学家们，他们从来不是无动于衷，更不是没有人情味，他们做出的贡献正是源于他们对人类本身的情感寄托和拳拳赤子之心。

THE SERENGETI RULES

第三部分

塞伦盖蒂法则

在塞伦盖蒂草原上，我们看见了决定物种兴衰的"塞伦盖蒂法则"。在生态系统中，动物的地位并不平等，关键物种的作用举足轻重，它们的影响会向下延伸至更多的营养层级。同一营养层级的物种，也会为生存而相互竞争。体量法则、密度法则、迁徙法则也是决定动物兴衰的关键。

> 我们能够了解自然和预测其行为模式的前提是，我们
> 要充分地了解生物种群的调节机制。
>
> ——纳尔逊·海尔斯顿、弗雷德·史密斯与
> 劳伦斯·斯洛博金

我们对于生物体内调节分子与细胞数量的机制已经有了一个概括性的了解。我们观察到了当这些机制被破坏时产生的灾难性后果，也目睹了这些知识如何被有效地转化成为治疗疾病的手段。现在，我们将目光投向更宏观领域的动植物种群数量调节机制，以及该类知识如何治愈亚健康的物种及生态失衡的栖息地。

这个类别的中心命题是由查尔斯·埃尔顿提出的：是什么决定了动物与植物的种群数量？

以塞伦盖蒂草原为例。这里生活着种类繁多、数量惊人的动物，包括 70 多种哺乳动物、500 多种鸟类，甚至连蜣螂都有上百种。这些动物当中，有数量最稀少的非洲野狗、速度最快的猎豹、体型最大的非洲象以及数量最多的角马。

是什么造成了各动物物种之间有如此巨大的数量差别？

虽然塞伦盖蒂草原是研究这种量级问题的不二之选，但是在这样一个庞大的系统里研究问题显然容易复杂化。对于一些基本法则的诉求，其他一些地方能够更为简单地提供答案。生命科学的艺术即在于，就已知问题，由现象建立最简单

的模型，通过精确地设计实验，保证每次只有一个变量发生变化。这些正是前文所述的科学家在研究酶或癌症病毒的过程中所采取的策略。从这个层面上讲，塞伦盖蒂草原丰富的物种及完整的食物链，恰恰为设计完美的科学实验设置了障碍。原因是，在这样复杂的系统中，对不断迁徙的角马、狮群与象群进行精准的控制几乎（但也不是完全）不可能！

与发现胆固醇和细胞生长调节机制类似的是，对动物种群数量调节机制的研究也存在两种途径：一种是找到可以利用实验破坏规则的生态系统；另一种是找到已经被破坏的生态系统，并对其前因后果进行解读。

为了把种群调节规律解释清楚，在第 6 章中，我将首先讲述世界范围内一些前沿的发现是如何产生的。接着在第 7 章中，我会继续带你们了解上述发现及一些文中没有涉及的规则是如何在塞伦盖蒂地区发挥实质作用、真正"落地"的。到了第 8 章，我会把重点放在一些特殊情况上，即打破这些规则所带来的后果。而在第 9 章和第 10 章里，我会列举一些试图恢复生态系统的、成就卓越的事例。

通过这一系列介绍，你们会惊奇地发现，这些科学前沿们所列举的一系列生态学法则，与我前文所述的生理学知识会发生奇妙的耦合。事实上，我是特意先介绍了分子水平上的正负调节机制、双重负向调节机制以及反馈调节机制。现在，你们会发现这些逻辑在更宏观的水平上依然有效。

THE
SERENGETI
RULES

06

有些动物比其他动物更平等

> 在非常态的生态系统当中，一切生存法则都将发生改变。
>
> ——罗伯特·潘恩

　　就算是在 1963 年的美国，人们依旧需要到很遥远的地方去寻找处女地。时年，华盛顿大学西雅图分校动物学系新晋助理教授罗伯特·潘恩（Robert Paine），经过艰苦的搜索以后，在美国本土纬度最高的西北远角找到一块物种繁荣之地。那是一次和学生一起进行的沿太平洋的野外考察，潘恩最终决定在奥林匹克半岛的尽头，一个叫作马卡海湾（Mukkaw Bay）的地方停了下来。这段面朝太平洋的弯曲的海岸线布满了沙砾，还零星地点缀着一些巨大的突出的礁石。在这些礁石当中，潘恩发现了一个兴旺的族群。这块巨大的潮汐池中生长着色彩丰富的生物物种，有绿色的海葵、紫色的海胆、粉色的海藻、亮红色的太平洋海星，还有海绵、帽贝和石鳖。在岩石的表面，落潮时会露出由小的橡子藤壶和大的鹅颈藤壶组成的条状带，黑色丛状的加州贻贝，以及一些名为赭色海星的、超乎想象的巨型紫色或是橘黄色的海星（如图 6-1 所示）。

　　"太好了，这就是我一直想要的。"他这样想道。

图 6-1　太平洋沿岸潮间带的岩石上生长着巨大的赭色海星。蚌类是这种生物的主
　　　　要口粮。海星捕食蚌类减少其数量，使得其他生物，例如海藻与小型动物
　　　　有了生存空间。

Photo courtesy of David Cowles.

　　一个月之后，也就是 1963 年 6 月，潘恩用了 4 个小时重返马卡海湾。
这次他从西雅图出发，首先乘船穿过了宽阔的普吉特海湾和狭窄的胡安·德
富卡海峡，来到了马卡人[①]居住的地方，然后向马卡海湾进发。落潮的时候，
他跳上礁石，举起手里的撬棍，用尽他近两米高的身躯里迸发出来的所有力
气，撬起紧贴在岩石表面的每个紫色或是橘黄色的海星，然后用力地把它们
掷向海湾深处。

　　自此，进化科学史上一个最重要的实验开始了。

世界为什么是绿色的

　　潘恩在找到马卡海湾和那些海星之前绕了很多弯路。他出生并成长于马

_____

① 印第安人的一支。——译者注

萨诸塞州剑桥市，他的名字来自他的祖先罗伯特·崔特·潘恩，一个曾经签署在《独立宣言》上的名字。潘恩对大自然的兴趣是在新英格兰丛林的发现之旅中被点燃的。他最喜爱观察的是鸟类，紧排其后的是蝴蝶和娃娃鱼。

潘恩经常和他的邻居一起去做鸟类观察，这个邻居特别有意思，他很有原则地坚持对所有的观测进行翔实的记录。这其实为后来潘恩成为一个出色的鸟类观察者打下了坚实的基础。潘恩后来加入了纳托尔鸟类学俱乐部，并成为这个顶级鸟类爱好者家园中最年轻的成员。

他也曾受到著名的博物学家们的鼓舞，他们的作品为他打开了通向野生生物世界的大门。譬如，爱德华·福布什（Edward Forbush）在《麻省的鸟类》（*Birds of Massachusetts*）一书中的描写曾经激起他无限的遐想。

> 在麦德菲尔德树林里的一个冬日，一群人正为他们的亲眼所见感到惊奇，有一只仿佛生有 4 只翅膀的巨大的鸟类呼啦地飞了过去，然后重重地落在了不远处的雪地里。随后人们发现那其实是一只苍鹰和一只横斑林鸮，它们彼此用爪子死死锁住对方，至死方休。

吉姆·科比特（Jim Corbett）在《该死的食人者》（*Man-eaters of kumoan*）一书中叙述了在印度边远地区追踪老虎和猎豹的惊心动魄的故事，这样的描写让潘恩深深地沉醉其中。与此同时，潘恩也热衷于详尽地观察和记录蜘蛛的行为。在他的家族中，尽管蜘蛛被认为是"可怕的生物"，但是年幼的潘恩经常花上几个小时的时间去观察这些织网的捕食者是如何捕猎苍蝇的。

后来潘恩被哈佛大学录取，在一些知名的古生物学家的引导和激励下，他对动物化石产生了浓厚的兴趣。他非常痴迷于那些生活在 4 亿多年前的海洋生物，最后他决定到密歇根大学的地质学和古生物学系完成博士学业。

博士生的课程内容多数围绕着动物进行分类，如鱼类、爬虫类和两栖类等，这些干巴巴的内容让潘恩感到乏味。不过有一个例外，那就是由生态学家弗雷德·史密斯（Fred Smith）主讲的"淡水无脊椎动物的自然史"。教授在他的课堂上经常鼓励学生们独立思考，这也是潘恩最为欣赏的一点。

那是一个值得纪念的春日，也是一个老师不想教书、学生不想上课的日子，史密斯对班里的学生说："我们就待在这间屋子里。"然后，他看向屋外一棵刚刚发芽的树。

"为什么那棵树是绿色的？"史密斯望向窗外。

"叶绿素。"一个学生正确地说出了叶子中那种色素的名称。史密斯紧接着又提出了下一个问题。

"为什么它没有被吃光？"这看上去是个很简单的问题，但是史密斯想让他们知道即便是这些很简单的问题也没有现成的答案。"那里显然有一窝昆虫，也许它们受到了某种控制而没有掏空这棵树？"潘恩陷入了思考。

第一学年快要结束时，史密斯察觉到潘恩对地质学不感兴趣，于是他建议潘恩考虑进入生态领域。他对潘恩说："干脆你来做我的学生吧。"这个决定意味着潘恩研究方向上的重大变化，同时也意味着机会。潘恩提议从研究附近岩层中的泥盆纪化石生物入手，对此史密斯表示反对。他认为潘恩应该研究现世依旧存活的生物，而不是那些已经灭绝了的物种。潘恩同意了，史密斯于是成了他的导师。

史密斯一直以来就对腕足动物抱有兴趣。这种也称为"灯壳"的海洋生物生有上下两片贝壳，通过合页连接在一起。潘恩从化石记录中了解到该物种曾经大量存在，但是没有人了解它们现如今的生态状况。潘恩的第一项任务是找到它们的活体。密歇根州的地理位置远离海洋，于是潘恩于 1957 年和 1958 年两度完成了前往佛罗里达州的考察之旅，并最终找到了一些看起来非常有希望找到目标物的地点。经史密斯同意，他开始了所谓的"研究生中期休假"，并利用这段时间开展独立研究。1959 年 6 月，潘恩重返佛罗里达州，以车为家，开始了在野外奔波的工作。在接下来的 11 个月中，他完成了对某一种腕足动物的生活范围、群居习惯以及生物行为的详尽研究。

也正是这样的工作，在博物学方面的训练中为他打下了坚实的基础，并且凭借此事，潘恩取得了博士学位。老实说，这种过滤捕食的腕足动物并不是那么有趣。更不用说大海捞针般在沙砾中寻找长度不超过 8 厘米的生物，实在不是一件令人感到兴奋的事。

在潘恩一寸一寸地沿着墨西哥湾沿岸筛检的时候，激发他想象力的显然并不是佛罗里达州的腕足动物。在佛罗里达走廊，潘恩发现了阿里盖特港海洋实验室并获准在那儿停留一段时间。在阿里盖特角的最远端，他注意到每个月总有几天的落潮会让一大群在水面下的捕食蜗牛暴露出来，其中一些，比如一种叫马海螺的生物，身体长度甚至超过了 30 厘米。阿里盖特角的那片充满了烂泥和锯齿草的区域显然并不是索然无趣，恰恰相反，那是一片战事激烈的战场。

在他完成了关于腕足动物研究的毕业论文之后，潘恩对这些蜗牛进行了一次埃尔顿式的探索。他统计到了 8 种种群数量庞大的蜗牛，并且详尽地记录了它们之间的捕食关系。在这个腹足动物的竞技场上，潘恩无一例外地发现，总是体积较大的蜗牛吃掉体积较小的，但并不是所有体积较小的蜗牛都会被吃掉。年轻的科学家用埃尔顿的方式解释了他的数据：

埃尔顿在 1927 年曾经指出，食物链的存在基础是物种的体型差异。"大鱼吃小鱼，小鱼吃虾米"是亘古不变的自然法则。按照这个思路，虾米通过小鱼作为媒介还是会被大鱼间接地吃掉。

当潘恩继续在佛罗里达州观察这些捕食者的时候，他的导师史密斯仍然没有忘记那些绿色的树，以及自然界中的捕食法则。史密斯对于生态群落的结构构成有着明显的兴趣，当然他更关心的是它们的塑造过程。他经常和纳尔逊·海尔斯顿（Nelson Hairston）以及劳伦斯·斯洛博金（Lawrence Slobodkin）凑在一起吃自制的简易午餐，很多有关生态学的主要观点的讨论都是在这样的氛围里进行的。三位科学家都有兴趣了解动物控制种群数量的过程，他们经常就当时普遍流行的观点展开辩论。一种经典的学院派观点认为种群数量是由外界物理因素决定的，比如说气候。史密斯、海尔斯顿和斯洛博金（从此简称为"HSS"）三人同时质疑了这种说法。原因在于，如果它是真的，那就意味着种群数量将随气候随机变化，而这一点与事实并不相符。最终，三人达成一致意见，认为必然是种群内部的生物过程在发挥作用，至少在某种程度上控制着自然界中种群的丰度。

与埃尔顿的金字塔假说类似，HSS 描述的食物链是依据每一等级所消耗的食物种类，即众所周知的营养等级进行划分的。处在最底层的是那些可以降解有机残余物的分解者；分解者之上是依赖阳光、雨水和土壤营养的植物生产者；再往上一层是消费者，这些食草动物靠吃植物获取能量；最后一层就是捕食者，它们是真正的肉食者，捕捉对象正是食草动物（如图 6-2 所示。）

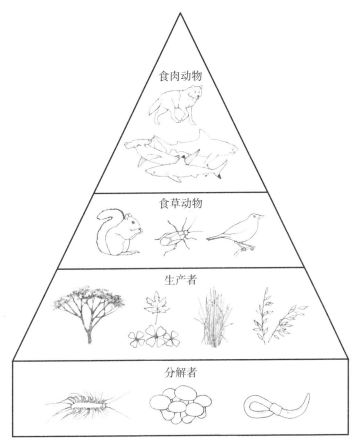

图 6-2　生物群落的营养层级。根据 HSS 的绿色世界假说，所有的生物都属于下述
　　　　四个营养层级之一：分解者（真菌与蠕虫），生产者（植物和藻类），食草
　　　　动物以及食肉动物。

Illustration by Leanne Olds.

　　生态学界普遍接受的观点认为在食物链中越往上的层级会受到比其低的
层级的限制，也就是说，种群数量是被自下而上正向调节的。但是史密斯和
他的午餐伙伴们都持有不同的观点，因为他们发现了一个与这个观点格格不
入却又众所周知的事实：这个世界是绿色的。显而易见，食草动物通常并不
会消耗掉所有的植物。事实上，大多数植物的叶子只会显示出被啃过的痕迹。
对 HSS 来说，这就意味着食草动物并不受到可取得食物量的限制，而它们的

种群数量的调节机制显然另外存在。在他们看来，正是处在最上层的捕食者自上而下负向调节食草动物的种群数量。在此前很长一段时间里，研究捕食者和猎物关系的生态学家们都认为是猎物的数量限制了捕食者的数量，反之并不成立。显然，新的理论强调捕食者作为一个整体也可以起到调节猎物数量的作用，这在当时无疑是一种比较激进的反对意见。

为了进一步支持这种新的理论，HSS 列举了食草动物种群数量在它们的天敌被移除之后暴增的事实。比如，在亚利桑那州的北部，当地的狼和郊狼数量由于人为干预而减少，导致生活在当地的凯巴布鹿的数量激增。这 3 位科学家把他们的观察资料和论据整理到一篇名为《生态结构、种群数量控制以及种间竞争》的论文中，并于 1959 年 5 月投给了《生态学》(*Ecology*) 期刊。在当时，由于他们的观点过于激进和大胆，保守的科学杂志拒绝了他们的研究成果。这篇文章最终于 1960 年在《美国博物学家》(*American Naturalist*) 期刊上作为年末大事记被发表出来，才得以重见天光。

食肉动物会限制食草动物的假说现在已经被广泛地接受，人们称此为"HSS 假说"或"绿色世界假说"。而一开始情况并非如此。HSS 对他们自己的论断抱有信心："我们的逻辑是很难被推翻的。"然而正如所有挑战权威的想法都会遭到质疑一样，他们也毫无例外地饱受批评。其中最具有代表性的反对声要求他们拿出更多的试验结果和佐证，而这正是史密斯的学生，潘恩在 1963 年前往马卡海湾寻找的东西。

生态系统的"移除观察法"

"HSS 假说"是在观察的基础上对自然世界的解读，包括埃尔顿的工作和想法，以及潘恩当时对腕足动物和捕食蜗牛的研究（甚至包括达尔文的理

论）均属此列。在 1960 年前，所有有关生态学的认识都是基于观察的。这种
观察生态学的限制在于并不能对任何假说给出一个肯定的答案，其他的可能
性总是存在。正如充满了实证精神的分子生物学家们所坚持的一样，潘恩领
悟到如果要真正地了解大自然的奥秘，包括那些控制种群数量的内因，就必
须去找到一种可以进行干扰和破坏的环境，从而通过可变条件的实验来得出
结论。在有关捕食者的这个案例当中，他需要一种可以将捕食者移除的情景，
然后去观察这一变化将给整个生态系统带来什么影响。这就是后来被称为"不
破不立"（kick it and see）的生态学研究方法。也正是由于这个原因，才有了
潘恩在马卡海湾扔海星的实验。

潘恩坚持以在春季和夏季每月两次以及冬季每月一次的频率造访马卡海
湾，重复他的扔海星实验。在一块长约 7.6 米、高约 1.8 米的巨大岩石上，他
最终扔掉了所有的海星。与此作为对照，在旁边的另一块礁石上，他保留了
自然的生态系统，没有进行任何干预。然后，他对系统中的其他 15 种"居
民"进行了详尽的数据统计。

为了了解马卡海湾中的食物网，潘恩密切关注着捕食者的食物偏好。这
些海星有一种特殊的技能，它们可以通过将胃部外翻来消耗食物。于是，潘
恩将 1 000 多只海星翻起，从胃部发现了它们的食谱，这些机会主义者的涉
猎范围甚广，包括藤壶、石鳖、帽贝、蜗牛和蚌类等。小小的藤壶是其中数
量最多的种类，这些海星一次可以卷进成百个这种小小的甲壳类动物，但这
只是一道开胃菜，蚌类和石鳖才是海星体内卡路里的主要来源。

在进入 9 月之前，潘恩的实验才刚刚开展了 3 个月，他就已经观察到整
个生态系统发生了变化。橡子藤壶开始大量繁殖并且占据了 60% ~ 80% 的可
用空间。到 1964 年 6 月之前，彼时潘恩的实验已经进行了一年，橡子藤壶

已经被体积更小但是繁殖更快的鹅颈藤壶和蚌类所替代，4 种藻类消失，两种蜗牛和两种石鳖分别移居他处。在没有被海星猎食的情况下，海葵和海绵的数量也减少了。有一个例外，那是一种叫作"土笼岩螺"的小型捕食蜗牛，它们的数量增加了 10~20 倍。总体来说，捕食海星被移除出生态系统使得其他种群的丰度急速降低，从原来的 15 种降为 8 种。

这个简单实验的结果是爆炸性的。这显示了处于生态链顶端的捕食者可以控制和改变整个生态系统的组成，其影响的范围包括它们赖以为食的猎物，和那些不直接与它们产生连接的动植物们。

潘恩的实验又持续了 5 年，其间蚌类逐渐在岩石的整个表面延伸，直到距离落潮水位只有 1 米的地方才停止。蚌类占领了绝大多数空间，其他物种几乎全部消失了。潘恩终于明白，捕食海星是通过控制蚌类的数量来维持整个生态系统的平衡的。对于这些生活在高潮线与低潮线之间的动物及藻类来说，生存空间成了最重要的资源。蚌类是空间的有力竞争者，尤其在没有捕食海星的环境中，它们逐渐占领了所有的空地，还挤走了其他物种。在这个例子当中，捕食者是通过负向调节环境当中的竞争优势种群，起到稳定整个生态系统的作用。海星的存在对整个食物链的影响可以通过以下示意图表示：

潘恩的实验证明了捕食者在食物网中自上而下的调节，为"HSS假说"提供了充分的证据。但是，太平洋的海岸线何其漫长，海洋生态圈里的捕食者种类何其繁多，单凭一个实验就得出的结论可靠吗？如果潘恩想得出普适性的结论，就必须有来自其他地区的其他物种的实验证明。而他在马卡海湾观察到的令人惊奇的实验结果也启发了一大批类似"不破不立"的实验。

一次出海捕捞鲑鱼时，潘恩发现了无人岛塔图什。这个小岛在马卡海湾以北数千米处，离岸不到一千米，常年笼罩在暴风雨之下。潘恩在那里发现了很多攀附在岩石上的物种，包括一种大型海星。得到当地马卡部落的允许，潘恩开始在那里重复马卡海湾的实验。果不其然，过了几个月，蚌类已经布满了岩石表面。

潘恩在新西兰休假期间，又仔细研究了另外一个高潮线与低潮线之间的族群，该族群的地理位置靠近奥克兰北部海滩的尽头。在那儿，他又发现了另外一种捕食性的赭色海星，其捕食对象是一种外壳为绿色的蚌类，也就是世界各地餐厅菜单上的生蚝。潘恩用了9个月的时间，将一块37平方米范围内的实验地的捕食海星全部清除，而留下与这块面积相近的附近另外一处地方作为对照。起作用的速度之快、幅度之广都超出了他的想象。实验地很快就被绿壳生蚝全面占领，并且它们还将领地范围向低潮线延伸了40%。在实验开始时统计到的20种物种中，有6种在8个月内完全消失，而15个月后，实验地内的种群只剩下了生蚝。非常有趣的是，这个族群当中还存在大量的另外一种生蚝的捕食者（一种海蜗牛），而生蚝的这种扩张完全不受这些捕食者的影响。

潘恩把在华盛顿州与新西兰发现的这些捕食海星称作潮间带族群结构的"关键"，其作用与任意拱形建筑的顶端类似，都起着稳定结构的作用。这些

"顶端"捕食者对整个生态系统的多样性而言意义重大。没有了捕食者，整个生态系统也会随之崩溃瓦解。潘恩所开展的前沿实验以及他提出的"关键种群"的新概念引发了在其他生态系统中寻找"关键"的热潮，并引出了一些对后世影响甚广的新思想。

食物链中的级联效应及双重负向逻辑

潘恩并不局限于仅仅对捕食者实施"不破不立"的实验，他更乐于了解各种海洋生物族群中的生存法则。在潮汐池与浅水域生活的各种生物里，还有一大部分组成属于各式各样的海藻类，例如一种大型褐藻（又名海带）。这些海藻的分布看起来并没有什么规律，在有些地方分布广泛且长势喜人，在有些地方则完全不见其踪影。海胆是一种非常普遍的以海藻为食物来源的食草动物。潘恩与罗伯特·瓦达斯（Robert Vadas）以海胆和海藻为研究对象，发掘它们之间的相互作用。

首先，他们徒手清除了马卡海湾周围一些浅滩中的所有海胆，并在贝灵汉市附近的星期五海港周围布置了笼子以隔绝海胆。这些地区被设为实验组，而其周边的地区则作为对照组。他们发现，清除了海胆的海域发生了巨大变化，各种海藻纷纷出现爆炸式增长，而周边的对照组海域中，海藻的种类与数量仍然很少。

潘恩在塔图什岛周围还发现了数个类似的布满海胆而海藻贫瘠的区域。从表面上看，这些"海藻贫瘠区域"的存在似乎违反了"HSS 假说"的一个重要推断，即食草动物不会将所有的食物都消耗殆尽。然而，随着另外一种"关键"物种的发现，这个悖论背后的因果关系就逐渐清晰起来了。而这种"关键"物种在潘恩开始实验之前，早就从华盛顿州的海岸线附近消失了。

海獭是一种曾经分布甚广的海洋物种，从日本北部到阿留申群岛，顺着北美太平洋海岸一直向南直到加利福尼亚州半岛，都曾留下它们的踪迹。海獭的皮毛是海洋哺乳动物当中最厚实的，所谓"怀璧其罪"，这也是 18 世纪和 19 世纪它们被肆意猎杀的原因。到了 20 世纪初期，海獭的数量已经由早先的 15 万~30 万头锐减至 2 000 头左右，并且它们已经从大多数曾经的栖息地彻底消失了，其中也包括华盛顿州沿岸。1911 年通过的一项国际协议，将海獭纳入了保护范围。虽然曾在阿留申群岛附近几近灭绝，但今天，其中的某些区域已经再次出现了它们的身影。

1971 年，潘恩得到了一个机会去造访一处海獭数量成功反弹的地区——安奇卡岛，该岛位于阿留申群岛西部，非常荒芜。随行的一些学生对岛屿附近的海藻种群展开了研究，潘恩自然成了他们的指导。吉姆·埃斯蒂斯（Jim Estes）是一名来自亚利桑那大学的学生，他见到潘恩之后向他描述了自己的研究计划。埃斯蒂斯对海獭很感兴趣，但是他从事的并不是生态学研究。他告诉潘恩，海藻对海獭种群的支持作用是他的研究课题。

然而，潘恩适时地打击了他："吉姆，我想你的出发点是错误的。这个生态系统当中显然存在 3 个营养层级：海獭以海胆为食，海胆的食物来源则是海藻。"

埃斯蒂斯迅速反应过来，安奇卡岛上已经恢复的海獭种群提供了可以与其他无海獭区域的比较条件。与另外一个研究员约翰·帕米萨诺（John Palmisano）一起，埃斯蒂斯来到了谢米亚岛，该岛面积达到 15.5 平方千米，距离西面最近的海岸也有 320 千米。在这方巨大的岩石周围，并没有发现海獭的踪迹。当他们沿着海滩漫步时，迅速注意到了一些非常异常的景象，这里积存了数量非常庞大的海胆骸骨。当埃斯蒂斯第一次潜入海底时，就被眼前的景象惊呆了，整个水域的底部被厚厚的海胆覆盖，周围没有一棵海藻。同时，他也注意到了两个岛屿上其他一些显著的不同：五颜六色的长线六线鱼、斑海豹以及秃鹰均出现在安奇卡岛的周围，而在海獭绝迹的谢米亚岛则没有出现上述物种。

埃斯蒂斯与帕米萨诺就此提出假设，他们认为两个生态环境之间巨大的差异是由海獭数量驱动的。海獭就是整个生态系统中的"关键种群"，而海胆是海獭的捕食对象，是它们最喜欢的食物种类。海獭对海胆的负向调节作用是整个海洋生态系统结构与多样性稳定的关键。

埃斯蒂斯与帕米萨诺的观察结果预示，如果在没有海獭的区域再次引进海獭，海洋生态系统将会发生结构上的重大变化。之后不久，机会就真的来了。1975年，位于阿拉斯加州东南部的鹿港还没有海獭出现的记录。到了1978年，海獭已经在这里安家落户了。与此同时，海胆的数量变得稀少，海底堆满了海獭的排泄物，以及一丛丛高大茂盛的海藻。

海獭、海胆以及海藻之间的相互作用可以表示为：海獭的存在抑制海胆的数量，海胆又能够消耗海藻。关于它们相互调节的内涵，其图示如下：

THE **生命调节逻辑**
SERENGETI RULES

海獭

⊥

海胆

⊥

海藻

双重负向调节逻辑再次现身说法。在本例中，海獭对海藻生长的"诱导"作用是通过对海胆种群的抑制作用实现的。这个发现有力地支持了"HSS 假说"以及潘恩的"关键"理论（如图 6-3 所示）。

图 6-3　海獭对海胆以及海藻的影响。（上图）有海獭活动的区域，海胆的数量得到
　　　　控制，给予了海藻生长的空间。（下图）没有海獭活动的区域，海胆大量繁
　　　　殖，挤压了海藻的生存空间。

Photos courtesy of Bob Steneck.

用生态学的语言进行解释，作为捕食者的海獭对其他数个物种都产生了营养级上的逐级依赖效应。潘恩用了一个新名词来描述这种强有力的、自上而下的效应在移除或转入新物种时对整个生态系统造成的影响，即营养级联效应（trophic cascades）。

营养级联效应的发现非常振奋人心。许多例子表明，捕食者的存在与否所产生的间接结果大大出乎人们的意料，从本质上显示了生物物种之间千丝万缕的联系。而这些在营养级联效应提出之前，是大家根本无从想象的。试想，谁能想到海藻的生长与周围环境中的海獭有着必然的相关性呢？同时，这些戏剧性的结果也暗示着，在生物学家们的手触不到的地方，必然还存在着各种各样的营养级联效应，它们的存在塑造了我们今天所看到的各类生态系统。如果这一切都是真的，营养级联效应作为生态环境中的一条普适定律，对生态系统当中生物的种类与数量都起着决定性作用。

在许多动物栖息地，营养级联效应及其作用机理已被发现。在这里，我们仅举几例说明。

俄克拉何马州的一条淡水溪流中，类似地存在着"捕食者——食草动物——藻类"的营养级联，它控制着米诺鱼及植物的数量。在蔷薇河的池塘里，玛丽·鲍尔（Mary Power）与其同事注意到了鲈鱼与米诺鱼数量之间的反向相关性：在被调查的 14 个池塘中，仅有两个池塘内同时存在上述两种鱼类，还是发生在一次洪水泛滥之后。在仅有鲈鱼生活的池塘中还生长着大量的绿色丝状藻类，而在仅有米诺鱼生活的池塘中就不见这种藻类的踪影。这些现象都指向了同一个方向，即鲈鱼通过调节米诺鱼的数量间接地调节丝状藻类的数量。

鲍尔做了个实验来证明这个假设的正确性。她首先选取了一个长满绿色丝状藻类的池塘，并将其中的鲈鱼全部清除，接着在水底用篱笆将池塘一分为二，在其中一边投放米诺鱼，另一边即作为对照组。米诺鱼很快就在领地范围内将所有的藻类啃食殆尽。接着，她又选取了一个米诺鱼富集但是没有藻类的池塘，并向其中投放了 3 条大嘴鲈鱼。3 个小时过后，所有的米诺鱼迁徙到池塘的浅水区域，那里是鲈鱼无法到达的地带；几周过后，整个池塘都长满了藻类，变得绿汪汪的。这些事实不仅证实了营养级联效应的存在，同时也证明，捕食者缺席与捕食者存在具有类似的影响力。

除了上述两例在海水生态系统中存在的营养级联之外，陆地上也存在类似的"捕食者——食草动物——植物"系统。早在 20 世纪上半叶，在密歇根州苏必利尔湖区罗亚尔岛上就发现了驼鹿与狼群轮流占领的现象。一项长期研究表明，鉴于驼鹿能够大量消耗冷杉，狼群是通过控制驼鹿的数量间接地对冷杉种群起到调节作用的。另外一个例子发生在委内瑞拉，其境内古力河流域的许多热带雨林在遭受洪水冲击之后，出现了众多"捕食者真空"的岛屿，说明这样的生态系统中也存在着营养级联现象。洪水过境，导致了行军蚁与犰狳数量锐减，解除了植食性蚁群的生存压力，这些以树叶为生的生物很快对雨林产生了致命威胁，雨林生存状态发生了改变并对众多雨林物种产生了后续影响。

以下示意图表现了上述几例淡水与陆地生态系统中的营养级联逻辑：

THE SERENGETI RULES	生命调节逻辑		
捕食者	鲈鱼	狼群	行军蚁、犰狳
	⊥	⊥	⊥
植食者	米诺鱼	驼鹿	食叶蚁
	⊥	⊥	⊥
生产者	海藻	冷杉	树

在前边的内容中，我把描述重点放在不同营养层级的物种之间存在的自上而下的负向调节作用上。但是我必须指出，这未免过于简单了。之所以这样说的原因有两个。首先，大多数的物种所处的食物链并不是单向线性的，正如埃尔顿曾经指出的那样，所有的物种只是巨大的食物网上的节点。其次，所有的自然生态系统都在某种程度上受到自下而上的正向调节。例如，没有阳光，就没有植物；没有植物，食草动物就会饿死，食肉动物也会跟着闹饥荒。从这个角度上说，无论是 HSS 还是潘恩，他们在理论上达到的高度都在于颠覆传统的思维模式，揭示出捕食者对于生产者即便是间接调节的手段，也是非常强大的。

而且，营养级联并非全面静止不动的，与自然生态系统本身属性契合的一面在于，它也是个动态概念。事实上，即便没有人为干预，营养级联仍然可能发生变化甚至被颠覆。20 世纪 70 年代，阿拉斯加州西南沿海的海獭数量已经大幅回升，估计大概有 10 万只海獭生活在该海域。然而，从阿拉斯加州南部半岛的城堡角地区，至阿留申群岛的阿图岛海域中，海獭数量大幅下降。人们考虑过许多可能造成该种局面的因素，最终埃斯蒂斯与他的同事正式提出，真正的罪魁祸首是一种作为顶级捕食者存在的海洋生物虎鲸。虎鲸的主要食物来源是海狮与其他鲸类，但是当它们的食物来源变得稀缺时，海獭就会成为新的捕食目标。如下图所示，这种新的捕食行为将原本的3个食物层级变成了4个，而底层物种的数量又发生了逆转——沿海岸的栖息地里铺满了海胆，海藻再次绝迹了。

扔海星的实验揭示了自然法则的两个基本思想。这是两条关于种群调节的法则，也是塞伦盖蒂法则的第一条及第二条。

塞伦盖蒂法则 1：关键物种法则

THE
SERENGETI
RULES

塞伦盖蒂法则 1 　　　　　　　　　关键物种法则

众生并不平等，"关键物种"的影响更大。某些物种对其生物群落的稳定性和多样性具有重大影响，而且影响程度常常与它们的生物数量并不匹配。关键物种的重要性体现在它们的影响程度，而不是它们在食物链中所处的层级。

必须要指出的是，并不是所有的捕食者都是关键物种，也并不是所有的关键物种都是捕食者。更有甚者，并不是所有的自然生态系统都需要关键物种的存在。在第 7 章中，我们将会讲述更多有关关键物种的故事。

塞伦盖蒂法则 2：影响力法则

THE
SERENGETI
RULES

塞伦盖蒂法则 2 　　　　　　　　　影响力法则

关键物种通过"多米诺效应"对食物链中低营养层级的物种产生重大间接影响。食物网上的一些物种可以自上而下地产生重要影响，而且影响

THE
SERENGETI
RULES

程度常常与它们的绝对数量并不匹配，这种影响
会波及整个生物群落，并间接影响低营养层级的
物种。

这种级联效应往往存在于几对强相互作用连接的营养层级当中。这些相
互作用可以是捕食者与捕食者的相互作用、捕食者与食草动物的相互作用，
以及食草动物与生产者的相互作用。

值得强调的是，生态系统中的大多数物种并不能对其他物种施加强大的
影响力。在另外一项耗时数年的大型实验中，潘恩考察了塔图什岛上食草动
物与生产者之间的相互作用的情况。他发现绝大多数物种之间的联系都是十
分微弱甚至可以忽略的。潘恩引用了乔治·奥威尔的《动物庄园》中的一句
话概括了这个来之不易的结论："众生并不平等。"在我看来，潘恩的确是博
物学家中的佼佼者（如图 6-4 所示）。

回顾历史，原癌基因与抑癌基因的发现解释了不同基因在细胞数量调节
过程中的不同作用。同样，关键物种与营养级联的发现揭示了在同一个生态
系统当中的所有生物，在调节种群数量的能力层面上也存在着巨大差异。肿
瘤专家们将目光投注在几个关键基因上，这种策略极大地简化了研究工作的
复杂程度，同时为科研人员明确了研究方向。与之类似的是，对生态学家们
而言，集中精力在关键物种与营养级联上也加速了对生态系统的结构与调节
过程的理解。可谓，世间大道，殊途同归。

现在，让我们带着全新的视角与思维，再次回到本书的开篇，那片象征
着人类祖先初生地的神奇之所——伟大的塞伦盖蒂。

图 6-4　罗伯特·潘恩在马卡海湾。

Photo courtesy of Kevin Schafer/Alamy.

THE SERENGETI RULES

07

塞伦盖蒂的逻辑

> 非洲大陆生活着数量和种类繁多的大型哺乳动物，很
> 多人惊叹于这片大陆上大型生命的繁盛……那么，形
> 成这种景象的原因是什么呢？
>
> ——朱利安·赫胥黎

在坦桑尼亚骚山（Sao Hill）南部高地的寄宿学校外有一块平地，那里是各种生物汇聚的天堂。8 岁的托尼·辛克莱（Tony Sinclair），常常在入夜时分溜出寝室，他的目标是那些灯光引来的体型巨大的螳螂，那是他心爱的宠物。关于他抓虫子的历史，有很多精彩的故事可以讲。譬如有一次，在这个小家伙捉虫忙得不亦乐乎时，不想却被一只豹子撞了个正着。双方震惊之余，四目相对了一阵，最终双双落荒而逃，也不知道是谁更胆小一些。

辛克莱是个天生的动物爱好者。无论是甲虫、鸟类还是变色龙，只要是活物，他都喜欢。他出生在赞比亚，在坦桑尼亚前首府达累斯萨拉姆长大。他 11 岁那年，在一次旅途中路过肯尼亚。在那儿他平生第一次在野外亲眼目睹了数量惊人的非洲大型哺乳动物群，那些巨型野兽深深地震撼了他（如图 7-1 所示）。

图 7-1　塞伦盖蒂草原上正在迁徙的角马。

Photo courtesy of Anthony R. E. Sinclair.

在英格兰的寄宿学校完成学业之后，辛克莱前往牛津大学学习生物学。他入学的第二天就打听到有一个研究动物学的教授曾经有学生在塞伦盖蒂做考察。辛克莱非常向往那片土地，而且他不愿意放过任何可以重回非洲的机会，于是他前去拜访了这位教授亚瑟·凯恩（Arthur Cain）。

这位老先生却觉得有些莫名其妙。他言不由衷地敷衍着辛克莱："呃，我应该明年会去那里，要不到时候你再跟我一起走？"辛克莱感受到了凯恩的心不在焉，但是他并没有感到沮丧，反而每隔几个月就来"骚扰"凯恩一次。在学校里他也没闲着，他与查尔斯·埃尔顿的儿子罗伯特·埃尔顿成了好朋友，经常去这位生态学泰斗家中做客。

1965 年 6 月 30 日，辛克莱如愿以偿，从肯尼亚横渡马拉河，第一次进入塞伦盖蒂。作为凯恩教授的助手，他的任务是研究公园里的欧洲和亚洲候鸟群。他先是花了 3 天时间与另外一位同事驾车巡游，大约浏览了 20 000 平方千米的范围。他们穿过丛林和草原，见到奔跑的羚羊和斑马、假寐的狮子，还有聚集在波光粼粼的湖面上的成群的火烈鸟，一切都堪称自然的奇迹。美景、繁多的动植物种类，以及庞大的物种数量共同组成了塞伦盖蒂。这个被辛克莱认为是我们星球上最神奇的地方，深深地震撼了他。因此，仅仅 3 天的旅程就让辛克莱做出了一个影响他一生的重大决定，他要留下来，就为了弄明白是什么造就了塞伦盖蒂。

塞伦盖蒂有一种魔力，让访问过它的人都沉浸其中而不能自拔。1913 年 8 月，来自美国的猎人斯图尔特·爱德华·怀特（Stewart Edward White）从北部进入了塞伦盖蒂。作为第一个来到这里的白种猎人，他这样描述所见到的景象：

> 我带着指南针，沿着博洛格尼亚河（Bologonja）摸索。开始只能看到干涸的沙漠，偶尔看见几只东非狷羚和巨羚在慢悠悠地散步。渐渐地，树木开始出现了。再走了两英里之后，我就身处天堂了。
>
> 眼前的盛景确实难以描述。顺着被河水轻轻拍打的河岸往上，是一片翠绿如茵的缓坡，仿佛有一块巨大的翡翠躺在那树林下面。从眼前到目光的尽头——地平线，到处都是树，或是单个矗立在那里，或是成片地生长；而草地，则是你能想象到的最绿的颜色。
>
> 我从来没见过这么多动物！它们占满了每一个山坡，或落单，或成群结队地立定在空地上，有的则在林子里悠闲地溜达着，只要低低头就能吃饱饭。无论从哪个方向看过去，都是这样的景象。后来我走了更远的路，翻了更多个山坡，也做了更多的调查工作，发现处处都是如此……有一天我真的数了数，居然有 4 628 头！我就在这群笨拙的野兽里走来走去，觉得自己就像闯入了秘境的亚当一样。

怀特的发现使这里丰富的物种环境闻名于世。此时的非洲还是个殖民大陆，来自西方的掠夺者们纷至沓来，于是他又这样写道：

> 突然我意识到，这片美丽广袤的众生居地还未曾见过人类的杀戮，这个天然猎苑还是一片真正的处女地。在非洲，不可能再有第二个塞伦盖蒂，而我，很有可能将是最后一个有此发现的人类猎人。

第一次世界大战结束之后，坦噶尼喀沦为大不列颠的殖民地。1929 年，英国政府派出了查尔斯·埃尔顿曾经的导师朱利安·赫胥黎，前往东非各国去宣扬殖民思想，包括主权和政策等。他们走过了乌干达、肯尼亚和坦噶尼喀，历时 4 个月。作为一个生物学家，赫胥黎意识到这些生活在非洲的野生动物不能沦为人类枪下的猎物，相反的，它们应该被当作无价之宝对待。在长达 448 页的旅行综述《非洲视野》(*Africa View*) 中，赫胥黎提议包括塞伦盖蒂在内的几片广袤之地应当受到保护，成立国家自然公园，并设立禁猎区。他声情并茂地写道：

> 东非是动物的天堂，更是这世上独一无二的风景，一旦遭到破坏，我们将永久地失去它……人类不是行尸走肉，应该有更高的精神上的追求，而这片东非的荒蛮之地就是世世代代的人类男女避世的桃源。

丹尼斯·芬奇 – 哈顿（Denis Finch-Hatton）是赫胥黎的好友兼校友，他是旅行团的导游，也是个猎手，他是凯伦·布里克森（Karen Blixen）的爱人，更因凯伦回忆录和电影《走出非洲》(*Out of Africa*) 中的形象而闻名于世。芬奇 – 哈顿为人低调，他远离充满光环的舞台中心，过着自由的生活，尽管他的客人包括了未来的国王爱德华八世。然而，旅客和猎人们在塞伦盖蒂的过度杀戮，让他心惊胆寒，他毅然决然地站出来与之为战。他给伦敦的《泰晤士报》写信，强烈地谴责这种"狂欢的屠戮盛宴"，并呼吁人们在无可挽回之前保护塞伦盖蒂。国会终于开始重视这个议题，很大程度上这要归功于芬奇－哈顿的努力。1930 年，塞伦盖蒂不再对公众开放。1937 年，部分地区成为禁猎区。1951 年，塞伦盖蒂国家公园成立了。1981 年，联合国教科文组织宣布塞伦盖蒂为世界文化遗产。

从生物学的角度来看，塞伦盖蒂的确有无与伦比的特殊性。这片 26 000 平方千米的巨大的生态系统有着天然的边界。它是这个星球上最后一片巨型动物聚集的乐土，在其他大陆上，这些动物早已消失殆尽。我们人类也是这片土地孕育的种族之一，正如生物学家罗宾·里德（Robin Reid）所言，"东非草原是人类的出生地"。我们的祖先早在 300 万年前就生活在这里，与之同时代的生物还包括河马、长颈鹿、大象和犀牛。

公园再次对外开放以后，生物学家们带着一个共同的疑问纷至杳来："究竟有多少种生物生活在塞伦盖蒂？"1957 年，法兰克福动物园的园长伯纳德·格兹麦克（Bernard Grzimek）及他的儿子迈克尔（Michael），收到了坦噶尼喀国家公园的邀请前去对塞伦盖蒂的野生动物进行首次详细的探查。1958 年 1 月，在两周时间里，他们启用了一架德国制造的单引擎多尼尔 27 型小飞机，以低速在广袤的植被上方 45～90 米的距离巡航。与此同时，他们记录了每一只肉眼能及的长着四条腿的生物。以日耳曼式的精确，他们看到了 99 481 只羚羊、57 199 只斑马、194 654 只汤氏和葛氏瞪羚、5 172 只转角牛羚、1 717 只黑斑羚、1 813 头黑水牛、837 只长颈鹿和 60 头大象。在园区内，他们总共观测到 366 980 只大型哺乳动物，这个数字大概只有 1 万左右的误差。除此之外，他们还注意到在边界外附近还有成千上万只动物在游荡。

数量如此之大，令格兹麦克父子感到"难以置信"：这里的山水河流、灌木草原能负担得起这"最后的巨型畜群"吗？他们心存疑虑。事实上，这是每一个来到塞伦盖蒂的科学家都会问到的一个问题，格兹麦克父子的调查记录也因此饱受质疑。

令人啼笑皆非的是，这些数量巨大的野生动物，虽然已经令包括怀特、芬奇－哈顿、赫胥黎和格兹麦克等人深深着迷，却仅仅是冰山一角。当辛克莱来到塞伦盖蒂的时候，人们已经开始注意到在这些大型动物身上发生了一些显著的变化。1965 年的一份报告称水牛的数量达到了 3.7 万头，而 4 年前仅有 1.6 万头。一些在塞伦盖蒂工作的科学家向辛克莱建议，他可以以水牛数量的激增作为博士论文的研究课题。有些人揶揄道："这个家伙除了鸟类什么都不懂，他知道他在干什么吗？"

辛克莱向所有人证明了自己。他并没有局限于任何一种动物，无论是鸟类还是水牛，只要是能带给他灵感，让他能弄明白塞伦盖蒂的形成和变化原因的，他都兴致勃勃。而所谓的塞伦盖蒂法则并不仅仅作用于水牛身上，所有的食肉动物和食草动物，甚至是植物，皆遵从于塞伦盖蒂法则。

为什么水牛越来越多

数量！ 1966 年 10 月，辛克莱对他即将开始的新工作投入了百般热情，而弄清楚动物数量是他首先必须完成的工作。彼时人们对于塞伦盖蒂野生动物的生态系统几乎一无所知。乔治·夏勒（George Schaller）也在同一年开始研究在塞伦盖蒂生活的狮子。辛克莱采集到的数据十分令人费解。例如，为什么在特定的时间和地点，动物的数量是一个定值？有什么能够解释不同种类动物数量之间的巨大差异？比如角马的数量庞大，而它的近亲狷羚的数量却少得可怜。

在他着手解决这些宽泛的问题之前，有几件事是辛克莱必须确定的。一个是所观察到的动物数量变化的趋势是真实存在的，而不是来源于统计误差或是任何短期效应。再一个就是弄清楚水牛的生活方式，包括生存和死亡。

辛克莱于 1966 年加入了水牛数量普查协会，并从 1967 年开始领导工作。第一个任务是找到水牛。不同种群有不同的栖息地。在塞伦盖蒂有 3 个主要的动物栖息地，其植被特点各不相同。这是很关键的因素，它决定了生活在这里的食草动物和它们的捕食者的种类。这里有一望无际的无树大草原，放眼望去除了草别无他物；这里也有零星点缀着树木的草原，树木稀疏，其间距较大，因而草原亦有生长的空间；这里还有绿树成荫的密林，是草原的一部分。水牛喜欢在树林里生活，它们并不喜欢茫茫的大草原。

为了得到精确的数据，辛克莱和其他的计数人员们把超过 10 000 平方千米的密林地区划分成一个个格子，然后分别统计。他们用了三四天时间，每天早上趁水牛都出来吃草的时间，他们就在林子上空低低飞过，给这些兽群留下珍贵的影像资料。那些水牛频繁出现的地点在塞伦盖蒂的地图上都被标注出来。辛克莱每年都会重复这一工作，一直坚持到 1972 年。数据显示，水牛的数量一直在增加。到 1969 年，由于水牛数量庞大（约 5.4 万头），统计工作变得烦琐又费力，于是辛克莱只在北部林区进行了精密统计，并据此推断得到整个塞伦盖蒂水牛的数量。到 1972 年，据他推测，水牛的数量已经超过了 5.8 万头。

最显著的增长是发生在 1961—1965 年，之后 7 年也一直延续了增长的势头。究竟是什么使水牛数量保持增长？一种针对总体趋势的解释是水牛生育能力的提升，或者是死亡率的下降，或者两者都有。辛克莱先是考察了雌性水牛的生育能力，发现并无变化。然后他又考察了水牛的死亡率，发现每年在塞伦盖蒂都有数千只水牛死亡。后来他发现了个窍门，通过观察牙齿来推测年龄：幼体的年龄可以通过出牙顺序来判断，成年动物的齿根部有黑白交错的条带，是水牛的"年轮"。辛克莱检查了 600 多头死去水牛的骨架，发现最高死亡率发生在出生后第一年和年龄已经超过 14 岁的个体当中。结合死亡率数据和 1958 年开始的数量普查数据，他发现幼体死亡率在 1959—1961 年非常高，远远超过 1965—1972 年的数据。

这就是最神秘的地方：幼体死亡率提高和降低的原因分别是什么？到底是什么特殊事件的发生导致了这个结果？

水牛的死亡原因主要有三种：来自捕食者的袭击、染上疾病或食物短缺。野外观察者们认为狮子和土狼对水牛的捕食并不能从根本上影响水牛的死亡率，同时食物短缺的问题也并不存在，那就只剩下了疾病。和大多数动物一样，水牛对众多的传染性疾病没有什么抵抗能力，但是辛克莱心里已经有了一个目标对象。

这种疾病在亚洲和印度已经流行了几个世纪。1889 年，这种病毒被传播到了东非。据说，这些病牛是由参战的意大利士兵从印度或是阿拉伯半岛带进了埃塞俄比亚。这些病毒首先感染了马赛牛，进而进入塞伦盖蒂感染了水牛，并迅速给这种野生反刍动物重重一击。1891 年 8 月，德国人奥斯卡·鲍曼（Oscar Baumann）横穿了塞伦盖蒂，他断言，牛、水牛和角马已经消失了95%。之后 70 年，人们在塞伦盖蒂观测并记录了周期性的动物数量的爆发：第一次世界大战期间，1929—1931 年、1933 年、1945 年，以及 1957—1961 年间的每一年，其中以 1960 年 10 月的那次最为显著。

辛克莱认为，牛瘟是导致早年水牛数量锐减的原因，正是因为数量出现了真空，为种群重建提供了空间。为了证明他的观点，辛克莱在不同年龄组的水牛中寻找感染牛瘟的证据。动物的免疫系统在接触过病毒感染后，会生产出含有抗体的血清，这些抗体在实验室里可以被轻易地分辨出来。如果辛克莱的观点是正确的，那么他应该能够在年长的水牛体内发现抗体，在幼体内则不会。

病毒学家沃尔特·普莱怀特（Walter Plowright）是牛瘟病毒疫苗的发明者。辛克莱得知他长期监控东非的牛瘟感染状况，便把于1960年末采集的水牛血清样本交给了普莱怀特。他是在位于内罗毕城外穆古噶的东非兽医研究机构见到普莱怀特的。在那儿他非常幸运地得知，那些被采集过血清样本的个体，它们的骨架被完好地保存了下来。因而，辛克莱可以准确推测纪年，并检验他的牛瘟假说。

他最终得到了完美的实验结果：1963年以前出生的水牛个体体内都含有牛瘟抗体，而1964年之后出生的个体则从来没有被感染过。这是辛克莱生平的第一个"大发现"。

牛瘟与水牛种群变化趋势之间的关联性使人们想到，同样的理论也可以用来解释角马的数量变化规律。角马数量自1961年以来增长了两倍。辛克莱也检查了角马体内的抗体情况，发现1963年以后出生的个体体内完全不存在病毒抗体，表明它们从来没有被感染过（如图7-2所示）。不仅如此，辛克莱还发现病毒对不同物种种群数量的影响并不一致。例如，不是反刍动物的斑马，它们并不会受到牛瘟的威胁，其数量也在几十年内保持不变。

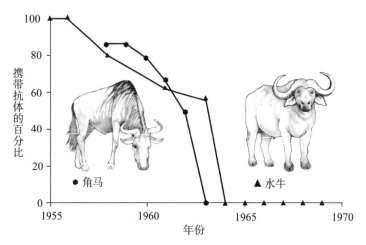

图 7-2　该图显示了牛瘟病毒在塞伦盖蒂角马与水牛种群中的消失过程。病毒抗体
　　　　在塞伦盖蒂野生角马与水牛体内的彻底消失分别发生在 1963 年和 1964 年，
　　　　说明这种疾病已经得到彻底清除。

Figure drawn by Leanne Olds based on data in Sinclair (1979).

　　曾经，人们一度认为，野生动物才是塞伦盖蒂牛瘟的起因，直到辛克莱在水牛和角马身上找到了牛瘟消失的证据。在东非进行的疫苗接种项目针对的仅仅是家养的牲畜，但同时也导致了野生动物体内病毒的消除。这足以证明家畜才是牛瘟病毒的来源。

　　辛克莱破解了反刍动物，包括水牛和角马数量激增的原因。牛瘟在整个生态圈内扮演着不显著却非常重要的角色：其出现致使反刍动物大量消亡，其消亡又直接导致了动物数量的井喷。

牛瘟病毒的巨大影响显示，并不是只有捕食者才能扮演关键角色，病原体也可能对生态系统造成超比例的影响。就像捕食者一样，它们在生态系统中的出现和消亡会对整个生态系统产生级联效应。鉴于牛瘟病毒在塞伦盖蒂肆虐了 70 年，正如辛克莱后来发现的一样，反刍动物的井喷式爆发也给整个塞伦盖蒂带来了惊人的变化。

塞伦盖蒂法则 3：竞争法则

冒天下之大不韪地说，对于生态学研究，牛瘟病毒是老天给的一份大礼。与前文所述的海星和海獭实验的异曲同工之处在于，牛瘟病毒扮演了"外界干扰"的角色（尽管是个偶发事件），但使辛克莱和其他科学家能有机会看到塞伦盖蒂的大生态环境是怎样演变的。到了 1973 年，角马的种群数量已经达到了惊人的 77 万头，但与水牛不同的是，它们仍然没有增速放缓的迹象。角马消耗掉了大部分食物来源，但也成为食肉动物的主要捕食对象。辛克莱意识到，在全面了解塞伦盖蒂之前，他必须首先关注角马。

然而，在 20 世纪 70 年代中期，由于种种人为原因，来到塞伦盖蒂工作变得越来越困难。20 世纪 60 年代末期，坦桑尼亚开始了广泛的社会变革，包括推行农业和土地公有制、银行和公司国有化，以及全面禁止私有制等内容。1977 年 2 月，在与肯尼亚对峙多年之后，坦桑尼亚关闭了两国边界。随着局势日渐趋紧，旅游也受到了严格的限制，被拒绝进入塞伦盖蒂的游客多达 80%。也有人提议从塞伦盖蒂延伸至肯尼亚境内的马拉出发，但没有人保证他们能顺利越过边境。

到 1977 年，对角马数量的年度考察已经停止了 4 年之久。辛克莱和他的飞行员同事迈克·诺顿 – 格里菲斯（Mike Norton-Griffiths）决定不能再等下去，他们需要做一个全面考察。5月22日，风和日丽的一天，他们从塞伦盖蒂研究中心附近的飞机跑道上起飞，然后从北到南，一点一点地梳理着塞伦盖蒂地面上巨大的角马群，还发现了一排驶向北部肯尼亚边境的卡车。

一回到地面，他们就受到了持枪坦桑尼亚士兵的询问。一位军官要求辛克莱和格里菲斯解释在天上飞来飞去的原因。辛克莱告知他们是航拍角马群。但麻烦的是格里菲斯是从肯尼亚飞过边境进入坦桑尼亚的，这可直接捅了马蜂窝了。军官告诉他们："你们从肯尼亚过来企图窃取军事机密，现在以肯尼亚间谍的身份被逮捕。"接着飞机也被没收了，幸亏辛克莱机灵，他悄悄地把胶卷藏了起来。

辛克莱和格里菲斯立即被剥夺了人身自由，关押他们的房子周围布满了士兵，他们的一举一动都被密切地监视。他们通过观察发现，换防的时候是监视最薄弱的时候，也是逃跑的唯一机会。3天之后，他们决定逃跑。趁着一次换防间歇，辛克莱和格里菲斯冲了出来，拼命地跑向飞机，快速跳了进去，然后起飞，一气呵成。等他们还来不及高兴时，他们就发现飞机上的油料不够返回肯尼亚。想起在奥杜威峡谷安营扎寨的古生物学家玛丽·利基，他们决定去那儿碰碰运气，希望能在那儿得到补给。

玛丽不仅帮他们加满了油，还给他们分享了一个她发现的精彩故事。一年前，在利特里附近，她的几个队员在古代火山化石中偶然发现了一些动物足迹，他们在当中找到了一些特别的、看起来非常熟悉的脚印。现在我们知道，这种动物足迹有27米长，包含了至少两对来自360万年前的类人生物的脚印。由于挖掘工作刚刚开始，玛丽只能让辛克莱和格里菲斯看到很小的一部分，但结论已相当令人震惊：早在360万年前，人类的祖先就已经能够直立行走，关于这一点，世人再无异议。

又过了几周，等辛克莱和格里菲斯洗出照片，他们发现角马数目已经达到了 140 万头，几乎是 4 年前的两倍，而比起 1961 年，更是那时的 5 倍还多。彼时，塞伦盖蒂的角马群已经成为世界上最大的有蹄动物种群。与此同时，其他科学家也发现在这段时间内塞伦盖蒂在多方面都发生了变化。比如，狮子和土狼的数量增加，当然要归功于可捕食的角马数量的过度增长。有人粗略计算过，增长超过基数部分的约 100 万头角马，其重量在 13 万吨左右，整个塞伦盖蒂简直就是食肉动物的天堂。当然，也有一些变化原因令人百思不得其解。例如，长颈鹿的数量增加与这些变化是否有关呢？答案是肯定的。格里菲斯认为，1963 年以来的旱季里，塞伦盖蒂范围内山火的发生频率和强度均大幅度降低，使得树木幼苗的成活率大大提高，为长颈鹿提供了更多的食物。

那山火减少的原因又是什么呢？格里菲斯和辛克莱从他们采集的数据中推测出了答案。角马与水牛的生育高峰导致草大量被消耗，燃料缺乏间接地降低了旱季里火山的爆发频率和强度。在塞伦盖蒂，所有的变化都是一环扣着一环、密切联系的，而牛瘟病毒被消灭是这一切变化的源头，它从食草动物到食肉动物，再到植物，逐级地改变了整个生态系统。

让我们花点时间来整理一下图 7-3 中描述的过程。这个长期研究项目最重要的结论是，塞伦盖蒂的最神奇之处，并不是电视画面里猎豹或狮子捕杀瞪羚的场景，而应该是一头角马在草地上大肆咀嚼的画面。也许你会对此不屑一顾，但是试想如果有 100 万头角马一起出现在画面里，引发草原上的多米诺骨牌效应，于是出现了更多的捕食者、更多的植物、更多的长颈鹿以及其他的物种，等等。

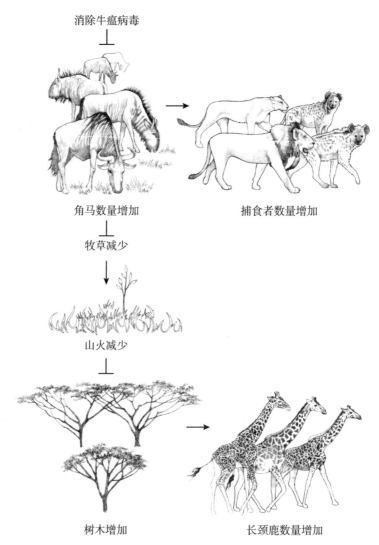

消除牛瘟病毒

角马数量增加

捕食者数量增加

牧草减少

山火减少

树木增加

长颈鹿数量增加

图 7-3　神奇的塞伦盖蒂。牛瘟病毒消失,角马种群数量暴增导致对牧草消耗的加剧。
　　　　牧草的减少有效遏制了山火发生,使得树木得到生长。这些变化事实上产
　　　　生了营养级联效应,使捕食者,树木,长颈鹿以及其他很多物种的数量增加。

Illustration by Leanne Olds.

　　在角马过度繁殖引发的各种变化当中,最出乎辛克莱意料的是"树木激
增"。与海獭和海藻的例子相似之处在于,牛瘟病毒和树木的关联也包含了

多层负向调节过程。数十年来，研究者和观察人员一直为塞伦盖蒂范围内成年树木的消失感到着急，人们急于给大象安上破坏树木的罪名，却忽视了事实上有更多的小树一直在填补进来。

辛克莱并不满足于找到"相关性"。为了搞清楚草原上的树木是否真正在增加，他建起了一系列的观测点，用摄像机长期记录树木的变迁（如图7-4所示）。他告诉我，在塞伦盖蒂，一些树种侵略性地遍布了整个草原，而这个过程"仅仅用了10年而已"。

图7-4　塞伦盖蒂草原上树木的爆发式增长。山火的减少有效地增加了树木的密度。
图示四张照片展现了31年间同一块区域的景观变化。

Photos courtesy of Anthony R. E. Sinclair.

山火减少仅仅是角马数量变化带来影响的一方面。在角马数量增加之前，东部草原的草可以长到50～70厘米。角马数量爆发之后，草就只能长到10厘米而已。矮草让阳光和养分可以惠及其他更多的草本植物，草原上的多样性也因此出现。这些植物也催生了大量的、种类繁多的蝴蝶群落。

神奇的是，角马和瞪羚对于草原的影响并不完全是负面的。生态学家山姆·麦克诺顿（Sam McNaughton）发现，塞伦盖蒂的大部分草原地带已经适应了这种过度放牧的状况，甚至衍生出一种补偿机制，使草能够再度迅速生长。事实上，经历过度放牧的草原比被保护的草原更加水草丰茂，能生产更多的食物。按照这个逻辑，角马对草原系统的消耗反而导致了草原更加茂盛地生长，食物短缺的状况并没有出现。下文中我们将用"↑⌐"来表示该过程。

草原上也有很多其他食草动物，比如蚱蜢，它们与角马分享食物来源。角马数量暴增带来的是蚱蜢数量锐减，其种类更是从 40 多种降到只有 10 多种。汤氏瞪羚和角马的食物来源类似，显然角马也成为瞪羚种群变小的原因。辛克莱和格里菲斯发现，在角马数量成倍增长的同时，瞪羚的数量从 1973 年的 60 万只减少到了 1977 年的 30 万只。与之形成对比的是，在一些地区移除水牛的实验证明，它们并没有对其他物种有如此强烈的影响。

恰似岩石海岸上的贻贝，角马对稀树草原上的其他物种来讲，是强劲的竞争者（下图中用双尖头↔表示），它们对草原上其他物种的种群数量有着重要的影响：

THE **生命调节逻辑**
SERENGETI RULES

瞪羚↔**角马**↔蚱蜢
⊥
牧草↔**草本植物**→**蝴蝶**
↑⌐

竞争是另外一种控制种群数量和种类的主要方式，也代表了另外一个塞伦盖蒂法则。

THE
SERENGETI
RULES

塞伦盖蒂法则 3　　　　　　　　　**竞争法则**

对共同资源的竞争，导致了一些物种的种群数量减少。在对空间、食物以及栖息地等共同资源的竞争中，有优势的物种会导致其他物种的种群数量减少。

角马的数量直接或间接地影响着草场、山火、树木、捕食者、长颈鹿、草本植物、昆虫以及其他食草动物，显示了它们是塞伦盖蒂的关键物种，对整个群落的结构和调节过程有着非同寻常的作用。正如托尼·辛克莱指出的那样，"没有角马，就没有塞伦盖蒂"。

现在，可能你感兴趣的是什么控制着角马数量，这个种群不能也并没有一直扩张下去。事实上，它们的数量在 1977 年就达到了巅峰。既然牛瘟已经消失了，到底是什么遏制了角马和其他种群的增长势头？比如黑斑羚、水牛还有大象，是什么控制着它们的种群数量呢？

对于上述问题答案的追寻将我们导向另外一条塞伦盖蒂法则，即多种动物数量的调节。这一条既适用于东非，也为全世界的生物所遵循着。

塞伦盖蒂法则 4：体量法则

简单说来，动物的生活就是捕食和被捕食。没有流行性传染病的干扰，动物种群数量的调节方式可以被总结为两种：首先是吃什么（自下而上），以及被什么吃掉（自上而下），或者是两者的结合。对任何一个种群来讲，最简单的问题是，这两种方式，哪一个更重要？

想要回答这个问题，需要长期地观察与实验。因而对于自然界大部分物种来讲，回答这个问题并不是一件容易的事。辛克莱和他的同事西蒙·姆杜马（Simon Muduma）与贾斯汀·布拉谢尔斯（Justin Brashares）开始深入了解塞伦盖蒂哺乳动物的死因。他们翻阅了 40 年的历史数据，从中有了一个惊人的发现：成年动物的体积与其被捕食的概率之间有强烈的相关性。

150 千克体重是一条非常明显的分界线，体重小于 150 千克的物种其数量基本被捕食行为控制，而 150 千克以上的大型动物则不受影响。例如，大多数小型羚羊，像 18 千克的侏羚、50 千克的黑斑羚及 120 千克的转角牛羚大多死于捕食者的捕食行为，如图 7-5 左半图所示。通常越小的生物，其捕食者种类越多。塞伦盖蒂有 10 种哺乳类捕食者，包括野猫、豺、猎豹、花豹、土狼和狮子等，侏羚成为其中 6 种的食物。除此之外，它们还必须警惕老鹰和巨蟒。

但是对于大型哺乳动物，拿水牛来说，它们的捕食者只有狮子，因此就很少死于捕食行为；而对于成年的长颈鹿、犀牛、河马和大象来说，它们被捕食的概率基本为 0，如图 7-5 右半图所示。这些大型食草动物，很显然因其体积巨大而不受捕食者的威胁，因而它们的数量十分稳定，很难被肉食性的捕食者撼动，哪怕是狮子。由于大象等大体积哺乳动物不受捕食者自上而下的调节，它们就必须接受自下而上的调节，即食物的可获得性。

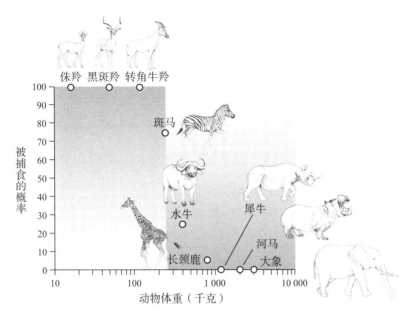

图 7-5　捕食行为与体型大小的相关性。侏羚、黑斑羚和转角牛羚等小型羚羊的数
　　　　量都会受到捕食行为的调控。而大型哺乳动物，例如长颈鹿、河马和大
　　　　象，发生在它们身上的捕食行为少之又少。它们的种群数量受到食物供给
　　　　的调控。

Illustration based on data in Sinclair et al. (2010), drawn by Leanne Olds.

　　体积与被捕食之间的相关性是一个令人感兴趣的话题，如果能找到一种
类似"潘恩"的方式搅乱塞伦盖蒂的生态环境，就能清晰地观察到变化究竟
来自何方。事实上，这个搅乱因素的确存在。令人尴尬的是，它来自日益增
加的偷猎和毒杀动物的行为。从 1980 年开始，在塞伦盖蒂北部地区，人们
开始猎杀狮子、土狼和豺，到 1987 年，这些动物基本上已被消灭殆尽。辛克
莱和他的同事们比较了捕食动物锐减前后，被捕食动物的种群数量变化，甚
至还包括当捕食者重新回到生态系统以后的数据。包括侏羚、汤氏瞪羚、疣
猪、转角牛羚和黑斑羚在内的 5 种小型动物，都出现了数量增长的现象。不
出意外的是，长颈鹿数量并没有受到影响。当捕食者重新回到塞伦盖蒂以后，
这类物种又都出现了数量减少的现象，表明它们受到捕食者自上而下的调节。

在塞伦盖蒂观察到的捕食者和捕食对象数量之间的关系，为 80 年前埃尔顿的观点提供了量化和实验支持。埃尔顿从没有见过任何类似塞伦盖蒂的生态系统，因而他的观点显得更具有前瞻性："对被捕食对象来讲，其数量一方面受到捕食者的力量和捕食能力的限制，同时也需要获得足够的食物来满足自身需要，而它们的食物体积应比它们自身更小。"这充分揭示了动物体积可以决定它们的数量是否受到捕食行为的影响。

**THE
SERENGETI
RULES**

塞伦盖蒂法则 4

体量法则

个头大小会影响调节模式。动物的个头大小，决定了它们的种群数量在食物网中被调节的机制。小型动物受捕食者调节（自上而下），而大型动物受食物供应的调节（自下而上）。

既然大体积已经成为一种决定性的优势，你或许会认为在塞伦盖蒂这样的捕食者栖息地，所有动物都会向着大体积的方向进化。事实并非如此。首先，塞伦盖蒂的大象和水牛数量有限，而且它们的数量也受到某些因素的控制，问题是这些因素究竟是什么呢？事实证明，虽然我们仍然试图在宏观自然界中寻找，但分子生物学家对这个问题的答案已经是胸有成竹了。

塞伦盖蒂法则 5：密度法则

辛克莱的调查显示，牛瘟病毒消失之后，经过了一波生育高峰，水牛数量在 20 世纪 70 年代趋于平稳。大象种群的数量也经历了减少与反弹过程。与牛瘟病毒入侵水牛生态系统不同的是，大象种群的瘟疫来自人类。19 世纪的象牙交易导致大象数量急剧减少，到 20 世纪初期，大象已经成为十分稀有的物种。1958 年，格兹麦克父子在塞伦盖蒂南部仅仅找到 60 头大象，但是从 20 世纪 60 年代早期至 70 年代中期，这个种群的数量扩张至数千头，并保持了长时间的稳定。

辛克莱研究了每个物种数量的增长率与其种群大小之间的关系，发现了惊人的一致性（如图 7-6 所示）。这些曲线通通显示，当种群数量低时，其增长率高；反之，当种群数量高时，则增长率低，并最终导致负增长率（即种群数量减少）。也就是说，种群数量的变化率是由种群密度决定的。

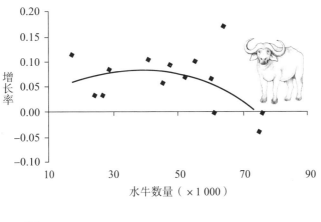

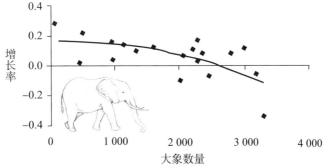

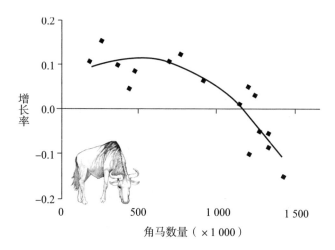

图 7-6　动物种群数量的密度制约调节。塞伦盖蒂草原上，随着水牛，大象与角马
　　　　的数量在不断增加，其增速也逐渐放缓，最终进入负增长模式（即数量开
　　　　始减少）。

Illustration based on data in Sinclair et al. (2010), Sinclair (2003), and Sinclair and Krebs (2002), and drawn
by Leanne Olds.

这种现象被称为"密度制约"（density-dependent）。社会经济学家托马斯·马尔萨斯早已发现了这个现象，他曾在其一篇著作中写道："除非阻碍因素的出现，否则种群数量将会无限增长。"试想，一群只生活在一片固定区域的大型动物，如一群生活在牧场里的山羊，若其初始种群数量较低，在生育能力未遭到破坏的条件下，它们完全可以迅速扩增。而随着种群数量增加，对所有个体而言，空间和食物来源越来越少。一旦种群数量超过了栖息地的荷载量，就会开始自然收缩，最终将止步于有限空间里的有限资源所能承受的最大值。

密度制约是一种负反馈调节模式。正如酶反应的产物累积可以反馈阻断该酶反应，动物数量的增加也能够减慢生育速度，甚至导致负的生育率。辛克莱调查了水牛的生育率和死亡率，以此来研究水牛种群当中的负反馈调节模式。他发现，尽管种群数量在增加，但死于营养不良的成年个体的比例

（而不仅仅是数量）也在扩大。

辛克莱、西蒙·姆杜马以及他们的同事雷·希尔伯恩（Ray Hilborn）发现，迁徙角马种群数量的限制也是来源于密度制约。当种群数量达到 100 万时，其增长率开始减缓，最终变成负增长（如图 7-6 底图所示）。为了搞清楚密度制约的原因，他们查阅了角马数量普查及这些动物死因的 40 年记录。他们发现，除了捕食者的因素约占死亡原因的 25% ~ 30% 以外，大多数角马都死于营养不良，而这正是种群过大的弊端。在经过仔细地考察塞伦盖蒂的降雨量和草场生物数量之后，他们发现营养不良的情况与旱季中个体的食物可获得量高度相关。

尽管塞伦盖蒂广袤无边，孕育生命无数，旱季却相对是个了无生气的阶段。草场上缺乏高质量的草料，动物们也都更直接地面临死亡的威胁。1993 年，一场 35 年来最恶劣的旱季袭击了塞伦盖蒂，这场完全自然的"实验"向人们展示了生命体是多么不堪一击。在这个漫长的旱季里，食物的供给量只有正常年份的几分之一。进入 11 月，每天都有 3 000 只角马饿死，辛克莱、姆杜马和希尔伯恩都是这场惨剧的目击者。这场罕见的自然灾害饿死了大约 30% 的角马，整个种群数量降到 100 万以下。

这无疑是一场自然的悲剧，然而从另一个角度理解，却是证明密度制约理论的绝佳机会。在接下来的季节里，种群数量降低，单位个体既能得到更多的食物，又能稳定种群的数量。密度制约模式的优势是在两个方向上都具有缓冲能力，既减缓种群扩增，也减轻种群缩减的颓势。它就像一个恒温调节器一样，当温度超过设定值时开启降温模式，当温度低于设定值时则开启加热升温模式。

食物并不是密度制约模式所能利用的唯一武器，捕食者也可以限制猎物的种群数量。然而，当其数量降低并且捕食行为日渐稀少时，捕食者会倾向数量更为丰富的物种作为新的捕食对象，从而使得主要捕食对象有时间和空间来恢复，避免被灭绝的命运。除此之外，对空间的争夺，如捕食者之间会因巢穴或领地发生冲突，也是密度制约模式的一种方式。通过密度制约因素实现的反馈调节是控制动物数量的一种广泛可见的机制。

THE
SERENGETI
RULES

塞伦盖蒂法则 5

密度法则

一些物种依靠它们自身的密度进行调节。一些动物种群的数量是通过密度制约因素进行调节的，这些因素有稳定种群规模的倾向。

关于动物数量的调节，我们已经见过两种方式：依靠捕食者因素以及依靠食物的可获得性因素。对于捕食者因素而言，我们提到过动物为了逃避被捕食的命运进化出庞大的躯体。那么是否存在某些方法，让动物们至少在某些程度上可以规避食物短缺的限制呢？

事实上，确实存在一种方法可以同时减少被捕食的概率及增加获得食物的概率，也正是这一点解释了塞伦盖蒂波澜壮阔的景象。

塞伦盖蒂法则 6：迁徙法则

回到一些你已经耳熟能详的数字：6 万头水牛，超过 100 万头角马。在捕食者眼里，体重超过 450 千克的水牛的价值要远远低于体重只有 170 千克的角马。令人无法解释的是，塞伦盖蒂草原上的角马数量要远远超过水牛。除了体积之外，这两个种群间还存在什么巨大的差异呢？

真相是，一个相对静止，另一个迁徙不止。

塞伦盖蒂草原上的迁徙性和留守性生物种群之间的巨大差异，果真是迁徙行为本身造成的吗？

基于前文提到的种群数量调节的两种主要途径分别是食物限制和捕食行为，我们必须弄清楚迁徙行为对这两种调节方式的影响分别是什么。辛克莱和他的同事们也完成了该部分工作。

迁徙行为在解决食物短缺问题上的优越性是显而易见的。雨量线刻画了角马种群的迁徙途径，这种生物每年追逐降雨，要在塞伦盖蒂草原上跋涉将近 1 000 千米的线路。它们逐水草而居，在湿润的季节里首先迁徙至草原更丰茂、营养更丰盛、草甸高度更低的区域。这些生长周期短暂的植物成了它们养育幼崽的口粮，同时留守性的生物也不会前来争抢。当草原彻底荒枯，它们会进入草甸高度较高的有树草原和林区，那里的雨量更为充沛。

对于捕食者来说，其机制要更为复杂一些。角马是狮子和土狼的猎物。在前文关于被捕食者体积与其被捕食概率的描述中，我有意忽略了角马的数据，其原因在于我们必须考虑角马的种群及其数量。而在塞伦盖蒂草原上存在两类角马：占据大多数的迁徙兽群和少量的因水源固定而终年只在固定区域活动的留守兽群。留守兽群中 87% 的死亡归因于捕食行为，在迁徙兽群中这个数据只有 25%。再者，每年有 1% 的迁徙兽群死于人类猎杀，在留守性兽群中这个数据是 10%。对狮子和土狼的行为研究揭示了它们拿这些跑来跑去的家伙毫无办法的原因：捕食者需要抚养并保护幼兽，因而不可能离开自己的领地。这也是它们无法随着迁徙兽群移动的原因。

成功躲避捕食者及摄取更多的食物让迁徙角马的种群密度远远超过了留守角马，两者在每平方千米的面积上分别有约 64 头和 15 头。除此之外，对比塞伦盖蒂的迁徙斑马（约 20 万只）及迁徙汤氏瞪羚（约 40 万只）与各自留守兽群的数据，也更深地印证了迁徙行为在保持种群数量方面的优势。甚至在塞伦盖蒂以外，在非洲的其他地方，以克利根牛羚（转角牛羚的一种）和苏丹白耳水羚为例，它们的迁徙兽群的数量都已经超过了留守兽群数量的 10 倍以上。

于是，迁徙代表了另外一种生态法则。更恰当地说，这是一种打破常规的法则，一种打破密度制约模式所设置限度的方法。

THE
SERENGETI
RULES
塞伦盖蒂法则 6　　　　　　　　**迁徙法则**

迁徙导致动物数量增加。迁徙行为通过增加食物的可获得性（减少自下而上的调节），以及减少被捕食的概率（减少自上而下的调节）等方式，来增加物种数量。

道法自然，殊途同归

距离辛克莱（如图 7-7 所示）第一次踏上塞伦盖蒂的土地，时间已经过去了 50 年，他仍然没有离开。在多年追逐这些迁徙动物的过程中，他也逐渐变成了其中的一员。他和妻子安妮在维多利亚的湖边，位于塞伦盖蒂的西部边缘处搭建了一所房子，每年都会回去一次。

图 7-7　托尼·辛克莱在塞伦盖蒂草原上。

Photo by Anne Sinclair, courtesy of Anthony R. E. Sinclair.

带着敬意与感动，他的同事们都喜欢叫他"塞伦盖蒂先生"。要多谢塞伦盖蒂先生，有了他的工作，我们才能真正理解这片神奇土地上的自然法则。我们现在了解了食物网、关键种、营养级联、竞争、密度制约，以及迁徙这些机制是如何发挥作用的：为什么斑马数量众多，而大象相对稀少；为什么捕食者可以控制黑斑羚和转角牛羚的数量，但是对长颈鹿及河马却无能为力；为什么相比于 50 年前树木和蝴蝶的数量增加，蚱蜢数量却降低；为什么我们要关注这些长着一张不讨喜的长脸的角马，为什么它们的活动被辛克莱认为是塞伦盖蒂草原的"生命线"。

塞伦盖蒂法则没有地域局限性，在所有生态系统中都适用。如果把它与普适的调节法则及分子量级的生命逻辑（见第 3 章）相比较，你会发现它们之间惊人的相似性。生态系统中的调节法则有其特定的对象和手段，如捕食者、营养级联等，但是正负向调节、双重负向调节及反馈调节等模式的具体含义是一致的。

普适调节法则和塞伦盖蒂法则

正向调节

A → B　　　　　　　　对于较高营养层级自下而上的调节

负向调节

A ⊣ B　　　　　　　　捕食者自上而下的调节；竞争

双重负向调节

A ⊣ B ⊣ C　　　　　　营养级联：A 通过调节 B 间接强效调节 C

反馈调节

A → → → B　　　　　　密度制约；种群数量增加，但其增长率降低

　　正如分子量级的调节法则与我们的健康息息相关一样，生态系统调节法则的存在关系到万物生长，一旦遭到破坏，就连人类世界也难逃其罚。如果我们能像了解分子法则一样去了解生态法则，就能对生态系统被破坏做出精确的诊断，从而找到解决问题的方法。

THE
SERENGETI
RULES

08

动物世界的"癌症"

动物种群数量调节的失败，引发了动物世界里迄今为
止最大的经济问题。

——查尔斯·埃尔顿

2014 年 8 月 1 日星期六凌晨 1:20，位于俄亥俄州的托莱多市向全体居民发布了一条紧急警报：

禁止饮水

禁止煮开水

污水处理中心的化学家在水样中发现了一种浓度已达到危险级别的恶性毒素，并且煮沸水的过程不但不能够降解该毒素，反而还会使其浓度进一步浓缩。

大都会地区超过 50 万的居民受到影响。餐馆、公共场所甚至动物园都被关闭。人们迅速将商场货架上的瓶装水洗劫一空。俄亥俄州州长当即宣布整个州进入紧急状态。军队也迅速介入，用卡车运送了可饮用水及可便携的水处理器。国内和国际新闻媒体连续报道着这个日需水量 30 万吨的美国现代都市里所发生的一切。而这种程度的"关心"显然并不是这个已长期处于经济衰退中的岌岌可危的城市所需要的。

我为这个城市感到万分忧虑，因为那里的一草一木我都知之甚深。托莱多是我出生和成长的地方，它位于广阔的伊利湖西南岸。我童年的伙伴汤姆·桑迪和我经常到湖岸附近捕蛇。那种捕猎所带来的刺激感很大程度上增进了我成长为一个生物学家的欲望。然而，在整个童年时代，我从未踏进伊利湖一步，更没有吃过湖里生长的任何生物。

20世纪60年代至70年代早期，伊利湖被严重污染致使富营养化。苏斯博士（Dr. Seuss）在他的1971年出版的环境寓言书《老雷斯的故事》（*The Lorax*）中有过这样的描写：

> 你们正把这片池塘弄得越来越脏，以前这塘里的鱼都会唱歌！
>
> 现在它们再也不能唱了，因为它们的腮都被堵上了。
>
> 于是我把它们放回塘里。哦，前途黯淡的鱼啊。
>
> 它们要用鳍走路，哪怕累个半死。
>
> 就是为了寻找那一点点不那么肮脏的水域。
>
> 我听说伊利湖里已是这番景象。

基于伊利湖及其他湖泊的严峻情况，美国国会于1972年通过了《清洁水法案》，授权环境保护机构监管污染排放，并设置了人类和水生生物所能接受的水质量标准线。1972年，美国和加拿大共同签署了《大湖水质协议》，促进双边合作以共同减少化学物质向五大湖流域的排放。

水藻减少，鱼类增加。伊利湖的情况在1986年得到明显改善，苏斯博士甚至在《老雷斯的故事》再版时删除了那段伊利湖的故事。

但好景不长，伊利湖再次变成了一潭臭水。这次的罪魁祸首是一种体积微小的单细胞蓝绿藻，这种微胞藻属藻类在湖面上绵延数千米，形成了一块厚厚的垫子。2011 年，伊利湖迎来了历史上最大的一次"绿潮"，一块厚约 10 厘米、长约 200 千米的巨大"绿毯"贯通了托莱多与克利夫兰，横亘在湖水南岸。2014 年，托莱多市污水处理中心的主进水管上形成了一层"厚厚的豌豆汤"（如图 8-1 所示）。

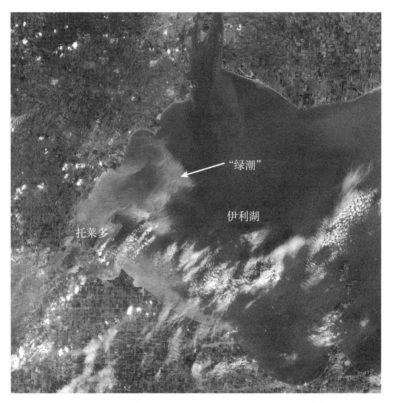

图 8-1　发生于俄亥俄州托莱多市附近伊利湖中的"绿潮"，2014 年 8 月。
NASA satellite photograph taken on August 1, 2014.

"绿潮"是由天文数字级别的藻类组成的。正常情况下，一升湖水中应该有几百个藻类细胞。当"绿潮"发生时，同样体积湖水中的藻类数量可达到一亿以上。2011 年的"绿潮"，所有湖水中的有害藻量或已达到 100 亿亿 ~ 10

万亿亿之多。

正如癌细胞侵噬人类机体的过程一样，这些藻类在湖里扩散到哪里就把毁灭带到哪里。这团过度生长的巨大藻类，就是生态系统里的恶性肿瘤。

当癌症在人体中扩散时，癌细胞会攻击那些维持内稳态的正常体细胞。当骨髓或肺泡细胞受到攻击时，机体就开始缺氧；当消化系统受到攻击时，机体就不能吸收营养；当癌细胞到达肝脏和骨骼时，血流中重要化学物质的微妙平衡将被迅速打破。同样地，藻团的破坏性在于封堵了湖水生态系统的重要功能。藻类产生的毒素对鱼类和其他野生动物具有超强的毒性，完全破坏了食物链。藻类死亡之后逐渐沉入湖底，被其他细菌分解，而这个分解过程如此庞大以至于用尽了水含氧气，使鱼类及其他生物处于缺氧状态，整个水生态圈的化学成分发生改变，变成一片没有生气的死地。

伊利湖并不是面临如此威胁的唯一大型水体。处于类似情况的还有加拿大的温尼伯湖及荷兰的纽威米尔湖等。而这些生态系统仅仅是被某些生物过量生长困扰的个例而已。癌症在生物圈有着多种表现形式。究竟是哪些规则被打破从而导致了湖水、田地、海湾和草原的病态呢？在提问之前我要再展示几个例子，然后在第 9 章和第 10 章告诉你们怎样用现有的知识来解决这些问题。

害虫为什么越灭越多

如果你从空中掠过，或者曾经去过亚洲赤道附近的 16 个国家，你就会知道那里的人们都吃些什么。从印度到印度尼西亚，水稻遍布于山谷和山坡上的梯田。在柬埔寨，仅大米生产这一项就占其农业生产总面积的 90% 以上。谷物已经成为全球一半人的主食。在亚洲，米饭的贡献占总卡路里量的比重超过 30%。某些国家，如孟加拉国、越南和柬埔寨，谷物占了每日摄取食物总量的 60% 还多。

在亚洲，水稻的种植历史已经超过了 6 000 年，然而其产量大幅提高也仅仅是发生在 20 世纪 60 年代"绿色革命"之后的事情。什么是"绿色革命"呢？干旱、病虫害和人口暴增都可能导致大规模饥荒，在各种现实问题的压力之下，基因改良的水稻品种开始出现，先进的农耕技术开始被采纳，包括施肥和除病虫害。仅仅用了 10 年，超过 1/4 的农场就开始种植新的水稻品种。在亚洲，很多农民欣喜地发现水稻亩产量较之前几乎翻倍。

然而进入 20 世纪 70 年代中期，在菲律宾、印度、斯里兰卡以及其他亚洲的热带国家，翠绿的稻田突然开始变成橘黄色，然后变成褐色。1976 年，灾难袭击了印度尼西亚。超过 40 万公顷的稻田遭到了破坏。在以农业收入为家庭支柱性收入的区域，这种情形无疑让人非常绝望。

这次的始作俑者是一种名为褐飞虱的小型昆虫。绝对不要因为它们只有几毫米的身长就轻视它们，每只附着在植物上的母虫可以产下几百个卵，之后孵化成虫蛹，这些虫蛹赖以为生的食物正是水稻植株本身（如图 8-2 所示）。幼虫吸食水稻的汁液，致其叶子变黄、干枯，甚至死亡。人们把这种褐色干枯的病态形象地称为"叶蝉烧"。在湿热的热带地区，一季水稻成熟的时间可以产生 3 代褐飞虱。害虫数目爆炸式的增长，使稻田很快就被害虫覆盖，平均每株水稻上的害虫数目，从正常时期的不足 1 只迅速增加到 500 ~ 1 000 只。

图 8-2　水稻植株上的褐飞虱。

Photo courtesy of IRRI/Sylvia Villareal.

　　农民们看到褐飞虱的第一反应自然是使用杀虫剂。除了地面撒药，印度尼西亚甚至派出了飞机实施空中撒药，但是都没能阻挡住病害的来势汹汹。

当年水稻的最终损失量超过 35 万吨，是 300 万人一年的口粮。许多农民变得一无所有。印度尼西亚被迫成为世界上最大的大米进口国。

20 世纪 70 年代以前，褐飞虱对水稻的危害比较轻微，究竟是什么原因使它一跃成为水稻的最大威胁呢？而它们又是怎样在成吨的杀虫剂中存活下来的呢？

仔细研究了农田和试验田里的褐飞虱之后，一个令人瞠目结舌的答案浮出水面：被喷洒过杀虫剂的水稻植株上带有更多的虫卵、虫蛹以及成体褐飞虱！也就是说，正是杀虫剂将害虫的密度提高了 800 倍。事实上，杀虫剂并不能阻止褐飞虱，相反，它成了害虫横行的元凶。

这到底是怎么一回事儿呢？

原因并不是单一的。首先，害虫本身进化出了抵抗常用杀虫剂的能力，如二嗪磷。但是使杀虫剂失效仅仅是第一步，病害的大范围传播显然还需要其他因素的配合。另外一个令人非常意外的发现，是杀虫剂使产卵率提高了 2.5 倍。在讲述第三个因素之前，我要列举几个与褐飞虱类似的例子。在西非的一些田间地头，人们面临着规模更大的病虫害。

偷吃庄稼的狒狒

位于加纳西北部的大草原上，有一个名叫拉拉班加的村庄，那里的人们过着日出而作，日落而不息的生活。这个只有 3 800 人口的村落距离莫尔国家公园仅有数公里之遥，那里生活着种类繁多的哺乳动物，包括河马、大象、水牛，大量的羚羊和灵长类动物，以及各种各样的猫科动物，如薮猫、花豹和狮子。村民们经常与野生动物不期而遇，但是让人们夜不能寐的并不是狮子这样的猛兽。

这里的人们在共有的土地上种植玉米、山药、木薯和饲养一些小型家禽，这是他们维持生计的主要手段。但是近年来，一些强壮的四足不速之客经常在夜幕掩护下溜进田地里偷吃庄稼。它们就是东非狒狒。它们啃光作物，再大肆践踏一番，之后不是神不知鬼不觉地悄悄溜掉，就是在愤怒的村民的追赶下仓皇逃窜。

狒狒们变本加厉，居然在白天也展开侦查行动，妄想在众目睽睽之下作案。为了时刻保持警醒，村民们决定让本该去上学的孩子们看守庄稼地。结果，这种四处作乱的灵长类动物带来了经济上和社会上的双重冲击，最终导致了严重的危机。

在非洲大陆上，人类和狒狒一直以来就是近邻，究竟是什么时候、什么原因使得加纳的狒狒成为一个问题的呢？

人们从那些被弃置的自然保护区里得到了一些答案。为了了解境内的野生动物数量，加纳野生动物部门于1968年开始对境内的41种哺乳动物进行普查。每个月，分布在6个自然保护区内的63个定点地区的护林员会沿着同样的路线跋涉10~15千米，并记录沿途目测到的野生动物的数量，或者是它们生活过的痕迹。从最小的晒山自然保护区（58平方千米）到最大的莫尔国家公园（4 840平方千米），这场持续了数十年的普查工作为动物种群数量做了最详尽的记录。

普查报告表明，从1968年到2004年的36年间，在被观测的41个种群中有40个数量都发生了减少，特别是那些小的保护区内，有些物种已经区域性灭绝了。唯一的例外就是东非狒狒，它们的数量增长了365个百分点。更甚者，狒狒们把领地扩张了 5 倍。

在揭示狒狒数量增长的原因之前，我将援引另外一个生态学意义上的"癌症"案例，这起事故直接导致了美国本土大西洋沿岸一个优良渔场的关门。

贝类怎么不见了

北美文化中一直有在海湾里养殖贝类的传统。在欧洲人登陆美洲大陆之前，东海岸的原住民印第安人已经开始捕食这些软体动物，它们白色的内转肌长度可达到 2.5 厘米，是优良的蛋白质来源。从 19 世纪 70 年代中期至 80 年代中期，在马萨诸塞州、纽约州以及北卡罗来纳州相继开发了以生产贝类为主的大型商业渔场。1928 年，北卡罗来纳州以 635 吨贝肉的产量雄踞全国第一。对于许多州的渔民来说，早冬季节的收获是下一个渔季到来之前重要的经济来源。

但是在 2004 年，贝类的总产量居然降到了 68 千克以下。随之而来的是这项百年渔业被宣布"资源告罄"，产业基本消失。不管是渔民、州政府还是科学家，所有人心中的疑虑都是相同的：到底发生了什么？

渔民们最早发现了一条线索，他们从捕鱼网里捞起了大量的牛鼻鲼。每年秋天这种身长约 1 米的鱼类会沿着东海岸自上而下地迁徙，巡游途中它们经常一头扎进渔民支起的捕捞网，并大肆破坏。牛鼻鲼的倒钩有毒，所以不具有任何市场价值，它们是渔民的"眼中钉，肉中刺"。

北卡罗来纳大学的海洋生物学家查尔斯·彼得森（Charles Peterson）一直致力于研究卡罗来纳沿海地区牛鼻鲼捕食贝类的影响。听到渔民们向他抱怨牛鼻鲼数量激增的情况，他就与北卡罗来纳大学和达尔豪斯大学的同行们合作研究，试图解开这个谜题。他们发现在过去的 16 ~ 35 年间，大西洋沿岸的牛鼻鲼数量增加了至少 10 倍，约 4 000 万只。彼得森曾经见过牛鼻鲼将一片固定海域的贝类一扫而空。牛鼻鲼数量的暴增似乎能够解释卡罗来纳水域贝类消失的原因，但是什么原因使得牛鼻鲼的数量突然增加呢？

现在，我们就来揭开这些"癌症"的奥秘。

缺失的链条

微胞藻、褐飞虱、狒狒以及牛鼻鲼，究竟是什么机制的打破导致了这些生物数量暴增的呢？

要回答这个问题，我们首先要仔细思考的是：有哪些是可以调节这些种群数量的因素？埃尔顿强调的观点是，如果你想要了解一个生态圈的运作方式，你首先需要考察它的食物链。是否有可能是食物的增加导致种群数量变大呢？

对微胞藻来说，这个解释还算合理。磷元素是海藻生长的限制性营养成分。磷元素（无机磷）激增正是"绿潮"出现的催化剂。每逢春夏，这些磷元素从附近的农场流入伊利湖。在湖水生态圈的食物链结构里，磷元素的出现对"绿潮"爆发起到了"自下而上"的作用。

但是对于其他几类"癌症"来说，充沛的食物并不能解释它们发生的原因。在一般情况下，褐飞虱可以感染的水稻植株数量远远高于实际被感染的植株数量，并不会大爆发。何况充裕的食物并不能解释为何杀虫剂导致了害虫数量激增。同样，食物既不能解释其他哺乳动物数量减少的同时狒狒却变多了，也不能说明牛鼻鲼数量变化的原因。那么，如果食物不是原因，到底是什么在调节着物种的数量呢？

也许，我们应该顺着食物链向上追溯，而不是向下求索。

这正是彼得森及他的同事们所选择的道路。科学家们将目光投向了鲨鱼，这些牛鼻鲼的天然捕食者们，他们找到了东部海岸鲨鱼种群数量的数据，发现自 1972 年以来已经有 5 个亚种的数量出现了明显的减少：铅灰真鲨减少了 87%，黑鳍鲨减少了 93%，双髻鲨、公牛鲨以及灰色真鲨减少了 97% ~ 99%。鲨鱼也捕食其他生物。如果鲨鱼数量减少是牛鼻鲼数量增加的原因，同样地也应该能够观察到其他被捕食对象数量的增加。果然，研究人员们发现，包括小的鲼类、鳐鱼以及小型鲨鱼在内的另外 13 类物种的数量出现了明显的增加。

类似的理由也能够解释加纳境内的狒狒瘟疫。加纳境内的狮子和花豹数量直线下降。到 1986 年，花豹在 6 个公园中的其中 3 个已经完全绝迹了，而它们正是狒狒的天然捕食者。随着狮子和花豹的消失，狒狒的数量迅速膨胀（如图 8-3 所示）。

回到褐飞虱的故事，为什么杀虫剂反而使它们的数量增加了呢？褐飞虱的天敌是蜘蛛。以狼蛛及其幼蛛为例，它们可以吃掉大量的褐飞虱及虫蛹。杀虫剂在选择具有抗药性的褐飞虱的同时也大量地消灭了蜘蛛，褐飞虱的种群数量因此失去控制。在喷洒了杀虫剂的农田里，捕食者数量减少，导致经过杀虫剂选择的褐飞虱种群不受遏制地膨胀了。

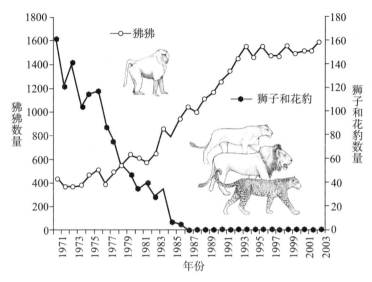

图 8-3 加纳境内狮子和花豹数量的减少伴随着狒狒数量的增加。

Illustration based on Brashares et al. (2010), redrawn by Leanne Olds.

以上 3 种完全不同的"癌症",揭示的是同一个简单而普遍的道理:如果捕食者被杀死,被捕食对象的数量就会疯狂增长。这种生态学上癌症的逻辑听起来似曾相识。捕食者负向调节种群增长,正如抑癌基因限制细胞增殖过程一样。一旦这种关键的调节方式从食物链中被移除,被捕食物种将不受限制地增长,并对下游营养结构造成影响。例如,上文中,各种移除营养上层级的捕食者都使原有营养层级数量由三变为二,从而产生营养级联效应,并最终导致"癌症"发生(如图 8-4 所示)。

站在渔民、稻农或是加纳境内的家庭的角度,亦是从双重负向调节的逻辑出发,鲨鱼、蜘蛛以及狮子应该被视为"同盟军",而非捕杀对象。正如一句老话说的:"敌人的敌人就是朋友。"

伊利湖的情况恐怕也与营养层级的消失有关。在生态环境健康的湖泊中,藻类的数量受到浮游生物的严格控制,例如以藻类为食物来源的小型甲壳纲动物。在"绿潮"发生的过程中，藻类产生的毒素导致浮游生物的死亡，完全移除了对藻类生长繁殖的限制。所以，藻类过量生长是两个因素相互结合的结果：一个是过量的自下而上的输入（卡住的油门）；另一个是过少的自上而下的控制（不起作用的刹车装置）。

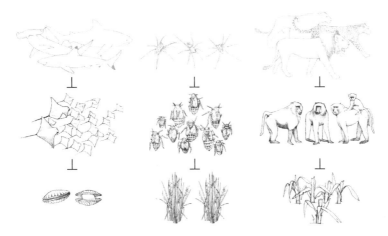

图 8-4　鲨鱼、蜘蛛或者是大型猫科动物等捕食者数量减少引起的营养级联效应。捕食者的数量变化导致牛鼻鲼、褐飞虱以及狒狒的数量不受控制地增加，进而使贝类、水稻以及其他经济作物减产。

Illustration by Leanne Olds.

"太过分"导致的太多或太少

格雷姆·考佛雷（Graeme Caughley）与托尼·辛克莱共同撰写了一本关于野生生态系统及其管理的前沿教材。在该书中，他们将所有的野生生物种群的问题简单归纳为三类：太多、太少，以及太过分。前文所述的例子中，数量"太少"的蜘蛛、狮子和鲨鱼分别正是褐飞虱、狒狒和牛鼻鲼数量"太多"的原因。

追根溯源，消失的捕食者并不是这些生态"癌症"发生的终极原因，而是人类"太过分"的破坏行为导致了这一切：农场土壤里过量的磷元素，农田里过量的杀虫剂，以及对狮子、花豹和鲨鱼的偷猎和过量捕杀，最终导致了既有生态系统平衡的破坏。由此产生的各种，或是间接发生的、或是不经意造成的、或是没有预料到的副作用都在越来越清晰地表明，现阶段人类粗暴野蛮的行为，其结果有悖于人类的长远利益。过去的数十年，我们可以把一切归咎于对自然规律的无知。但是现在，情况已经大不相同了。

既然已经了解了这么多，是否能够以我们现有的知识去纠正那些曾经的错误呢？一些非常大胆的尝试已经大规模地启动了。引用坎农向波士顿医生推广生理平衡理论时的一句话："我们有理由相信，病魔是能够被战胜的。"

THE
SERENGETI
RULES

09

门多塔湖的玻璃梭鲈和
黄石公园的灰狼

> 做好科研和做好管理一样，都不容易。
>
> ——詹姆斯·基切尔

　　1987 年一个早春的晚上，我第一次来到位于威斯康星州的麦迪逊市参加一个工作面试。事先听说了一些传言，我得知自己将会与威斯康星大学的这个教职失之交臂。然而，我根本没打算留在这儿，我的目标是另外一所大学的职位。彼时，我对这个地方一无所知。本着短期内不会再回来的想法，我决定四处溜达着看看。

　　第二天清晨，当门多塔湖第一次映入我的眼帘时，我便深深为其倾倒：湖面长宽各达数千米，威斯康星大学的校园坐拥湖水南岸大概三千米的长度，岸上郁郁葱葱（如图 9-1 所示）。更令人惊奇的是，这里居然还有被湖水冲击出的滩涂！我根本不知道这所大学甚至整个城市离湖水如此之近。我更不知道的是，诗人亨利·沃兹沃思·朗费罗曾在 1870 年向麦迪逊市所有的湖泊（门多塔湖是其中最大的）表示敬意，此举使得这些湖泊闻名于世：

> 美丽的湖泊，宁静而光明，
>
> 美丽的小城，在白色的大地上簇居，
>
> 多么美丽的景象！
>
> 就像一幅漂浮着的画儿，

在云之地，梦之地，

沐浴在一片金色之中！

　　我依然不知道的是，我目及之所乃是一片世界上被研究得最彻底的湖泊。这片湖泊及这所大学是北美湖沼学的催生之地，其前沿研究工作早在1875年就已经展开。那时该大学仅有25年的历史、500名的学生。惊羡于门多塔湖静谧的蓝色和漂亮的湖景，我没有疑虑过眼前美景之下的伤痕累累。与我家乡托莱多市的伊利湖一样，门多塔湖也饱受着藻类繁殖的煎熬，湖里的鱼群数量越来越少。

　　那天，我的确没有想到的还有，在接下来28年的时间里我会安家在麦迪逊市。同年，门多塔湖作为一个试图以塞伦盖蒂法则拯救环境的案例，成了史上最大的生态学实验的研究对象。

图 9-1　位于威斯康星州麦迪逊市的门多塔湖。威斯康星大学的校园就在水边。

Photo by Jeff Miller. Courtesy of University of Wisconsin, Madison.

营养层级实验

我从威斯康星州伙伴们身上学到的第一个真理，就是威斯康星人有两个热爱：他们的橄榄球队绿湾包装工队，以及钓鱼。有数据显示，全州人口不超过 600 万，却能每年消耗州内水域里大约 9 000 万条鱼。耐寒能力极强的威斯康星人如此喜欢钓鱼，他们甚至每年都期盼冰钓：等到冬季温度降到冰点以下，他们就在冻住的湖面上搭起简陋的小棚，在棚里将厚厚的冰面打穿，然后在那儿静候猎物——包括玻璃梭鲈、白斑狗鱼，以及一些体型较小的餐盘鱼（太阳鱼、翻车鱼以及黄鲈鱼）。

然而在 20 世纪 80 年代早期，门多塔湖中玻璃梭鲈的数量下降得非常厉害，以至于全年都捕不到几条。更糟糕的是，藻类和水草过量增长，使得夏天的湖面淤积堵塞、死气沉沉。这种情况下，渔民和公众纷纷要求州政府采取措施。

威斯康星州自然资源部（DNR）介入了治理过程，他们采用了很多手段来改善水质和增加鱼量。湖泊附近的当地政府也资助了一些项目，期望减少农业废水中磷元素的排放，他们甚至试图用机械装置去除水草。自然资源部也资助了当地的钓鱼俱乐部向湖水中投放玻璃梭鲈鱼苗。然而门多塔湖毕竟不是一个水塘，投放的鱼苗比起整个湖域来说实在是九牛一毛，而这些努力最终并没有让鱼群数量稳定回升。詹姆斯·阿迪斯（James Addis）是自然资源部渔业部门的主管，他读过的一篇学术文章，让他有了一些很大胆的想法。

在威斯康星州的北部，靠近与密歇根州的交界地区，科学家们在一系列小型湖泊里开展了一些前所未有的实验。整个研究小组由圣母大学的斯蒂芬·卡彭特（Stephen Carpenter）以及威斯康星大学的詹姆斯·基切尔（James

Kitchell）来领导。作为营养级联理论最早的拥趸，卡彭特和基切尔提出湖中生态环境的营养层级数量可达到四级，包括顶层的捕食者，如鲈鱼、狗鱼或鲑鱼这类以小型鱼类为生的鱼类；接着是以浮游生物为食物的小型鱼类；然后是以湖底植物为食的浮游生物；最底层则是浮游植物，如藻类。

为了验证该假说的正确性，他们着重研究了 3 个湖泊，分别是"皮特"湖、"保罗"湖和"星期二"湖，这些湖泊面积在 0.8 ~ 2 公顷之间，食物网很清晰。在"皮特"湖和"保罗"湖中，大嘴鲈鱼（1 号捕食者）吃掉小一些的米诺鱼（2 号捕食者），米诺鱼以甲壳类（浮游动物）为食物来源，而藻类（浮游植物）则是浮游动物的食物来源。一个有趣的反例出现在不远处的"星期二"湖里，那里没有鲈鱼，然而米诺鱼数量丰富，浮游动物稀少，藻类繁多。

通过一系列的观察，科学家们预测，如果将鲈鱼加入"星期二"湖的生态系统，其营养层级将会变成与"皮特"湖和"保罗"湖类似的情况，而数量稀少的物种将会发生变化，终将向更为丰沛的方向发展。于是，科学家们从"皮特"湖里转移了 400 条鲈鱼进入"星期二"湖。鲈鱼很难被捕到，更别说一次性转移 400 条了。科学家们首先在湖里使用电击，鱼类休克之后浮上水面，他们选择鲈鱼捞起。于是，"皮特"湖里 90% 的成年鲈鱼被转移至"星期二"湖，而"星期二"湖里 90% 的成年米诺鱼（约 4.5 万条）被转移至"皮特"湖。"保罗"湖则被当作对照实验组。

鲈鱼的加入及米诺鱼的减少，迅速地改变了"星期二"湖的环境，所有的事实都指向了与预期一致的方向。由于鲈鱼的加入，剩下的米诺鱼基本被消耗一空，浮游动物的总量增加了约 70% 的同时，藻类减少了约 70%。鲈鱼的加入和米诺鱼的移除完全改变了"星期二"湖的营养层级（如图 9-2 所示）。

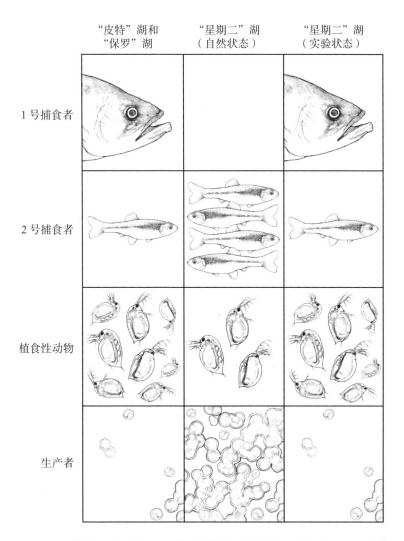

图 9-2　在威斯康星的湖泊里展开的调控营养层级的实验。实验结果显示，在"星期二"湖中（图中右列）投入大嘴鲈鱼，催生了与"皮特"湖和"保罗"湖（图中左列）水生环境类似的营养层级，都伴随着米诺鱼和藻类的减少，以及浮游生物的增加。

Illustration by Leanne Olds.

　　当阿迪斯得知这个结果后，他马上意识到可以通过类似的方法，增加门多塔湖中捕食者的数量，达到减少水藻改善水质的目的。阿迪斯致电基切尔，他们讨论了这个方案的可行性。基切尔感到非常的兴奋。"大干一场吧！"他这样答复阿迪斯。

那么，问题来了。门多塔湖面积相当于 2 000 个"皮特"湖，湖水也深得多。另外，门多塔湖与这座人口众多的城市的州政府仅仅一墙之隔，一些政治因素也在考虑范围之内。当然，钱是永远的问题。

6 000 万尾鱼苗与清澈的湖水

阿迪斯这次很幸运，钱对他来说倒不是问题。国会最近刚刚通过了一项旨在帮助恢复垂钓鱼类的修正案，新成立了一个水生资源信托基金。其资金来源于船舶销售、船舶用油以及渔具销售等。1985 年，其用于支持恢复垂钓鱼类的资金数目为 3 800 万美元，这个数字到 1986 年增长了两倍，达到 1.22 亿美元。根据新的法律，威斯康星州每年可以多拿到几百万美元的资金。由于门多塔湖的主要问题是捕食类垂钓鱼数目的下降，如玻璃梭鲈和白斑狗鱼，因而信托的资金可以用来恢复湖里的种群数量。

事情当然没有这么简单。首先，究竟谁能获得足够的鱼苗投放。玻璃梭鲈是钓鱼爱好者们津津乐道的鱼类品种，它们被如此推崇的原因，正如基切尔所了解到的一样，是肉质鲜美。威斯康星州北部的湖泊是外来旅游者垂钓的乐园，因而需要经常投放鱼苗育种。自然资源部的玻璃梭鲈最大产量为 360 万尾，但这个数字已然不能满足需求。为了实现定量供给，自然资源部将每年每个湖泊的鱼苗投放量限制在 100 万，而这个数字并不能有效影响门多塔湖中的玻璃梭鲈数量。基切尔和阿迪斯认为，门多塔湖需要全州玻璃梭鲈每年投放量的 1/4，而且需要经过数年的尝试。显然，这一点遭到了州内其他地方渔业经理人的反对。

除此之外，还有其他一些政治因素也不得不考虑。门多塔湖是位于州政府周边的大型湖泊，是成千上万人的生活用水来源。同时，这个项目每年会用掉 120 万美元的公众基金，所以一定会受到严苛的审查。实验还有可能面临失败的局面，那就正好印证了那些认为这是"浪费金钱"的质疑声音。

也有一些来自学术界的质疑声音，其原因在于，营养级联的概念在当时还没有被广泛接受。数十年来的主流观点一直认为生态环境适应营养条件，是自下而上进行调节的。并且与卡彭特和基切尔拿来做实验的那些小型湖泊不同的是，门多塔湖之所以被称为富养湖泊，是因为它从农业和城市排水中获得了大量外来营养，而这些养分造成了微生物的疯狂生长。因而有人质疑，通过改变或操纵微生物级别以上的食物链是否能够抵消掉外来养分的作用。随之而来的其他问题包括，需要投放多少鱼苗才能稳定捕食鱼类的数量水平，而该水平又应该被圈定在什么范围当中，这些问题都是没有答案的。甚至，连科学家们也无法预测，玻璃梭鲈和白斑狗鱼的数量增长会怎样影响其他种类。

也有一部分人对这个项目抱有极大的热情，他们来自当地的垂钓爱好者和钓鱼俱乐部。他们甚至愿意自己出资为项目购买鱼苗。但是，科学家们都知道，正当湖里鱼群数量开始增长，而这些支持者们捕捞过量的话，会挫败整个实验。最后，这些钓鱼俱乐部同意签署了限制力度很大的门多塔湖新垂钓法规，其严苛程度在全国也十分有名。

由于公众大力支持，加上阿迪斯对自然资源部及州政府的影响力和说服力，该项目最终通过了审核，有关部门都亮起了绿灯。

为了确认该实验是否对门多塔湖的生态环境起作用，关键的一点是在投放鱼苗之前弄清楚湖里的种群基础有多少。科学家们做了粗略的估计，在这个面积有 400 公顷的湖泊中，大概生活着不到 4 000 尾玻璃梭鲈及 1 400 尾白斑狗鱼。而以浮游生物为食物来源的加拿大白鲑鱼的数量是顶级捕食者数量的 200 多倍。1987 年，恢复门多塔湖捕食鱼类数量的项目正式启动了。

到底应该投入多少鱼苗呢？几千条？让我们仔细想想。鱼类的生存方式与达尔文进化论的描述十分一致。一尾雌性玻璃梭鲈可以在一夜中生产 5 万枚鱼卵，然而在稳定的种群中，这么多的鱼卵最后只有两枚能够顺利成年，而剩下的将全部死于被捕食、饥饿以及其他危险。因此，自然资源部必须提供大量的刚出生的幼鱼以及稍微成长一些的鱼苗。幼鱼指刚刚从鱼卵中孵化出来的鱼，体型只有蚊子大小，它们甚至还不具备娴熟的游泳能力。鱼苗则要大一些，玻璃梭鲈的鱼苗体长约 5 厘米，白斑狗鱼的约有 25 厘米。1987—1989 年间，自然资源部每年向门多塔湖投放 2 000 万尾玻璃梭鲈幼鱼及 50 万尾玻璃梭鲈鱼苗，投放的玻璃梭鲈总量达到了 6 000 万尾。白斑狗鱼的投放量每年也有 1 000 万尾幼鱼及最多 2.3 万尾鱼苗。

参与门多塔湖实验的研究人员们密切地观察着湖里发生的一切变化，包括鱼及其他水栖生物，以及水质的清澈程度。第一年所投放的玻璃梭鲈鱼苗，其幼鱼几乎全部死亡，鱼苗的存活率仅有 3%。而在这之后，鱼苗的死亡率有持续升高的趋势。令人欣喜的是，尽管损耗这么大，到了第三年，湖里的成年玻璃梭鲈数量仍然翻倍了。体型较大的白斑狗鱼由于其攫取食物的能力更强，其数量增长更为明显。1987—1989 年间，身长超过 30 厘米的白斑狗鱼数量增长了 10 倍。

在此，我们不得不提到一些"意外之喜"。1987 年的夏天，天气的炎热程度远超往年，加拿大白鲑鱼是对水温有严格要求的鱼种，水温升高及水里化学成分的变化均给这种鱼类带来了生存威胁，其结果就是 95% 的加拿大白鲑鱼死亡，而这一纯自然事件也引发了营养级联效应。白鲑鱼以浮游生物为食物来源，例如，一种被叫作盔型溞的小型甲壳类生物。水蚤本身是以藻类为食的。白鲑鱼大量死亡之后，一种体型较大而又十分罕见的蚤类溞取代了体型较小的盔形溞。正如人们推想的一样，体型较大的蚤类溞更能有效地吞食藻类及其他微生物（浮游植物），也由此在蚤类世界中脱颖而出。白鲑鱼的意外死亡，导致了蚤类溞的繁盛，浮游动物进而被抑制，于是湖水变得清澈了。

很显然，在门多塔湖项目开展的第一年，大自然慷慨地给予了帮助，但是也并没有对实验本身造成破坏。3 年过后，每隔一年就会减少鱼苗的投放量，这个循环过程一直持续了 10 年。在这 10 年间，玻璃梭鲈和白斑狗鱼的丰度稳定在实验开始之前其数量的 4 ~ 6 倍。更不能忽略的前提是，由于广泛的宣传曝光，自从实验启动以后，玻璃梭鲈与白斑狗鱼的捕捞次数增长的幅度超过了 6 倍。白鲑鱼的数量仍然很低，主要的食草生物变成了之前数量稀少的蚤类溞。即使进入湖泊的外源因素磷元素仍然很高，但水质与实验开展之前相比，还是实现了稳定的提升。

由于白鲑鱼死亡事件的不可抗拒性，很难推断增加捕食鱼类对改变湖泊生态环境的作用究竟有多大。也许，玻璃梭鲈和白斑狗鱼的数量增加抑制了白鲑鱼的恢复过程，使湖泊处于稳定的新环境中。当捕食鱼类增加时，以浮游生物为食的生物就会减少，这样就会导致浮游生物增加，浮游植物就会减少，水质也就会变得清澈了。不可否认，门多塔湖的实验是成功的，无论是在当时还是现在。在有类似问题的区域，人们纷纷效仿，许多湖泊在移除以浮游生物为食的鱼类及增加捕食鱼类之后，都成功地解决了富营养化的问题。

增加捕食鱼类解决了湖泊的环境问题，但湖泊并不是这种方法唯一的受益者。

狼群与柳树

1995 年 1 月 12 日中午，位于美国黄石国家公园的拉马尔山谷里，有 5 个人将一只银灰色的钢铁做的大箱子从骡子拉的雪橇上卸下。他们抬着箱子走过雪地，最终到达克里斯特河上的一处临时围场（如图 9-3 所示）。这 5 个人当中包括美国内政部长布鲁斯·巴比特（Bruce Babbitt），以及美国渔业和野生动物服务机构长官莫莉·贝蒂（Mollie Beattie）。巴比特透过箱子上的小孔向里望去，他看到了一对金色的眼眸迎着他的目光在眨眼，那对眼睛属于一只 45 千克重的雌性灰狼。夜幕刚刚降临，箱子上的栏板被打开，这只灰狼与它的 5 个同伴会合，进入了围场。两个月后，这些外来者习惯了新环境，围场的门才再次打开。

图 9-3 在黄石公园放生第一头狼的情景，1995 年 1 月 12 日。图中前排抬箱子的两个人分别是美国内政部长布鲁斯·巴比特，和美国渔业和野生动物服务机构长官莫莉·贝蒂。

对于这些灰狼而言，它们从家乡阿尔伯塔出发，搭乘过直升机、飞机和马车，这段奇幻旅程终结的标志是它们进入了全新的栖息环境。对于这个种群而言，该事件标识了它们历经 70 年重返黄石的漫长历程。早在 1926 年，黄石地区的灰狼就已经被人为灭绝了。而对黄石公园，美国第一个也是最负盛名的国家公园而言，该事件见证了新的生态秩序的建立。

对牵涉其中的人类个体而言，狼群的回归本身是一个非常漫长，有时甚至是相当痛苦的体验过程。门多塔湖改造项目从建立、注资到启动，整个过程只用了两年，其间数以亿计的鱼苗被投放，公众一直保持着理智，既不过分质疑，也不胡乱吹捧。相比之下，黄石公园的野狼回归项目历时 20 多年，其间需要国会通过相关法案，需要应付官司和法律传唤，催生了厚厚的环境影响测评报告，并引发了 18 万条公众留言的全民大讨论，最终仅仅放归了 31 只灰狼。

引入濒危物种，重建生态秩序，其学术上的合理性其实非常简单。黄石公园是美国的塞伦盖蒂。在美国本土 48 个州当中，黄石地区具有最丰富的哺乳动物资源；同时对于曾经遍布美国西部的美洲野牛与灰熊而言，这里是它们最后的避难所。60 多种生物的种群在这个生态系统里得到了保护和复苏，然而狼群却是个例外。狼群在黄石灭绝之后，麋鹿种群数量出现了暴增，庞大的兽群大量地消耗着树木和植物，给生态系统带来了很大的负担。没有了狼，这里的生态系统并不完整。

这在法律上的合理性并不复杂。1973 年，国会通过了濒危动物保护法案，要求尽可能地恢复濒危种群。1974 年，灰狼被列入被保护的濒危动物名单。

然而，来自文化或经济上的阻力反而非常复杂。狼群的消失是伴随着美国建国历史的事件，其原因是狼对家养牲畜，如牛、羊等，是巨大的威胁。

1930 年之前，曾经遍布北美各地的灰狼，经历了力度非常之大的灭狼运动之后，在大多数地方已经基本绝迹了。如今，人们认为，如果在美国西部的某些限制区域里恢复该物种，是真正的引狼入室。除此之外，麋鹿种群是当地的捕猎及旅游经济的支柱。狼群的引入必然导致麋鹿减少，随之而来的就是经济下行的压力。

与之不同的是，野生动物宣传及环境保护组织认为，狼群濒危的窘困现状正是无知的人类野蛮地改变自然的糟糕结果，而该种群的复苏将迈出令人欣喜的一大步。诚然，这种心态究竟是出于理性的分析，抑或是出于感性的愤怒，我们并没有甄别的能力。也有人质疑道，狼群肯定不会止步于黄石区域，既然如此，冒这么大的风险将狼群带回黄石的意义又在哪里呢？

在给出正确答案之前，一个关键前提是需要预测和评价分析狼群引入的成本与利益对比，其比较对象包括狼群本身、其他野生动物、猎手、家畜以及黄石地区的经济环境。于是，环境影响报告（EIS）应运而生，其预测结果是基于在实验中引入 100 头灰狼，并将其分为 10 个狼群的假设。

假设狼群的主要捕食对象是麋鹿，根据同一份报告，78～100 头狼可以将黄石北部的麋鹿数量减少 5～30 个百分点，骡鹿减少 3～19 个百分点，驼鹿减少 7～13 个百分点，美洲野牛减少不到 15 个百分点，而大角羊、叉角羚和雪羊不会受到影响。至于家畜，EIS 认为头 5 年的影响将微乎其微，之后平均每年的损失大概是 19 头牛和 68 只羊。

31 只灰狼放归黄石 10 年之后，该地区的灰狼总数达到 301 头，然而这个数字并没有威胁到野鹿和野牛的生存，它们的种群仍然在壮大。同样，大角羊、叉角羚和雪羊也没有受到影响。由灰狼造成的家畜损失也被证实在之前预测的合理范围之内，其占每年总损耗的比重也微乎其微（羊约为 1%，牛约为 0.01%）。与这一切相反的是，麋鹿却受到较大的影响：1995—2004 年间，冬季麋鹿的种群减少了一半，由最初的 16 791 减少为 8 335 头，相当于每头狼每年消灭 10 ~ 20 只麋鹿。

在真正实施放归计划之前，有一个问题是生态学家们需要仔细考虑的，即狼群恢复之后，会对除了其主要捕食对象以外的其他生物有什么影响。很久之前，博物学界的先驱奥尔多·利奥波德（Aldo Leopold）就注意到狼群消失发生在野鹿与麋鹿种群过量繁殖之前，而后者将导致植物种群被过量消耗。同样，随着黄石地区的麋鹿种群在狼群引入之后逐渐减少，生态学家们发现了一些变化。

白杨树是北美地区分布最广泛的树种，但是在美国西部，其数量在不断减少。1997 年，来自俄勒冈州立大学的生物学家威廉·里普尔（William Ripple）发现黄石地区的白杨树数量呈下降趋势。可能的原因有很多，例如气候变化、火灾、病虫害，以及过度啃食等。为了进一步了解情况，里普尔与他的学生埃里克·拉森（Eric Larsen）对黄石公园北部各种规格的白杨树进行取样，并对其年轮进行了计数。

他们的发现非常惊人。几乎所有的树木都至少有 70 年树龄。85% 的树木是在 1871—1920 年间成材的，而只有 5% 的树木是 1921 年后开始生长的。白杨树是从根系长出新的树苗，而非种子繁殖。显然，1921 年后，某些事情的发生导致树苗无法正常生长发育。里普尔与拉森认为线索就藏在这些树木的年龄分布当中。

这其中有三件事需要我们知道。第一，白杨树为麋鹿提供了高质量的食物来源。每年冬天，白杨树占据了麋鹿进食总量的 60%。第二，麋鹿是狼的口粮。第三，20 世纪 20 年代，狼群开始被大量猎杀。里普尔和拉森将这三件事联系到一起：狼吃掉麋鹿，麋鹿吃掉白杨树，因此狼群数量的变化会影响到白杨树。这个营养层级像极了太平洋里的"海獭—海胆—海藻"的结构。作为基本物种，狼群的消失使麋鹿的数量不再受到限制，进而过度地消耗了白杨树，导致其繁殖能力受到影响。

随着狼群放归计划进入筹备阶段，里普尔和拉森建议道，"狼群在公园北部地区的重塑可能会给白杨树种群带来益处，然而这种益处并不是短期可见的"。同时，他们也提出了一个设想：假如狼群可能使白杨树种群获益，那是否还存在其他可能被影响到的物种呢？

麋鹿的其他食物来源还包括生长在溪岸的三角叶杨和柳树。里普尔的同事罗伯特·贝什塔（Robert Beschta）开始关注这两个树种。他发现黄石公园里的溪岸经常呈现没有植被的裸露状态。首先他注意到柳树由于被过度啃食而无法正常生长。接着他察看了三角叶杨的树龄，发现情况与里普尔观察到的白杨树非常相似，并且也是发生在麋鹿经常活动的区域里。

然而，在接下来的 10 年中，里普尔和贝什塔在特定区域中开始发现了一些发生在白杨、柳树以及三角叶杨树群中的变化。对树木的啃食似乎减少了，溪水旁的柳树和白杨树的幼苗也长高了。同样，柳树与河狸之间的关系也很复杂，彼此对对方都有重要影响。灌木是河狸的重要食物来源，同时也为其搭建水坝提供了原材料；河狸搭建好的水坝又为柳树提供了宜居的生态环境。狼群回归之后，拉马尔山谷里的河狸栖息地由原来的 1 个增加到 2009 年的 12 个（如图 9-4 所示）。

图 9-4　狼群在黄石公园繁衍壮大后，白杨树也得到了休养生息。左图与右图的区别显示了，因狼群数量增加而减少的麋鹿进一步减少了对白杨树的消耗，白杨树的幼苗生机勃勃地开始生长了。

Left photo courtesy Yellowstone National Park, right photo courtesy William J. Ripple.

　　狼群回归带来的级联效应是多样化的。郊狼是一种体型中等的捕食动物，灰狼是郊狼在自然界中的天敌。黄石公园及其毗邻的大提顿国家公园中的郊狼数量降低了 39%，这是郊狼栖息地周围日渐增加的灰狼带来的直接后果。郊狼的捕食对象是叉角羚。经过长期观察研究发现，在有狼群出现的聚集地周围，叉角羚的生存概率是其他地方的 4 倍。

必要条件与充分条件

　　狼群回归曾经并仍然持续地对黄石地区生态圈施加级联效应。虽然有了上述很多例证，我们却必须清醒地认识到重塑捕食种群并不是解救病态生态系统的万能良药。因此，分子生物学家们提出了新的概念，即必要条件与充分条件。他们试图用这两个简明的词汇去分别描述两种生态系统：一种需要外部条件使其正常工作，另外一种不需要外部条件即可自产自足。我们已经掌握的丰富案例足以证明，捕食动物是控制被捕食动物种群数量的必要条件。然而，在捕食动物缺失的环境中，它们能否成为重塑健康生态系统及食物网的充分条件呢？

门多塔湖和黄石公园的案例给出的答案基本上是否定的。在门多塔湖实验中，以浮游生物为食的加拿大白鲑鱼的意外死亡，可能才是激发浮游植物与水质量变化的必要补充条件，而非捕食鱼类的大量投入。同样，在此之前较小湖泊的实验当中，除了引入捕食鱼类，另外还有一个改变水质的先决条件，即移除以浮游生物为食的非捕食鱼类。类似地，研究人员在黄石公园的一些特定区域发现，在70多年的风化侵蚀作用下，自然景观和溪水的改变，使得河狸的数量并不如预期一般增加。狼群回归并不足以改变这些既成事实。重要物种的回归对重塑生态环境是有益的，但并不能保证一定会发生作用。

我们可以推测，越是环境改变巨大的生态系统，越是难以恢复原状。即便如此，接下来我们将看到，这些野心勃勃的家伙们并没有停止尝试。

THE SERENGETI RULES

10

戈龙戈萨的复活

> 人类不能摆脱政治，人类社会的一切活动都与政治有关。然而，野生动物及其生态环境被破坏是一个不可逆的过程。即便不是完全摧毁而是大幅减少，其恢复过程也将漫长而昂贵。
>
> ——朱利安·赫胥黎

1970 年 11 月 11 日，驻南非德班的《每日新闻》(*The Daily News*) 发表了一份这样的声明："在人类对大型野生动物滥捕滥杀的背后，我们可以发现很多种推力，诸如贪欲、政治、糟糕的计划，甚至无知。整个非洲的其他地方为保护野生动物而狼烟四起之时，只有莫桑比克已经宣布了胜利。"位于莫桑比克中部的戈龙戈萨国家公园的确是一块鲜为人知的宝石，当地政府致力于将其打造成为非洲最大的动物保护区，届时，"无需外界帮助其生态环境就能自我维持平衡"（如图 10-1 所示）。

为这个宏伟蓝图背书的是南非的生态学家肯恩·廷利（Ken Tinley）。莫桑比克当局先是找了当时还是博士研究生的廷利去研究公园的自然资源并做出规划，他力主给公园划定一个可以保持和反映其生态系统完整性的边界。戈龙戈萨公园坐落于东非大裂谷的南端尾部，与塞伦盖蒂的南部区域相距 1 600 千米，其名字源于附近高达 1 800 米的戈龙戈萨山。山上的雨林每年降雨量在 2 032 毫米，保证穿过公园的河流中永远水量充沛。廷利的扩张计划囊括了戈龙戈萨山，当然也包括在山上栖息地里悠哉生活的各种野生动物。

图 10-1　1960 年左右的戈龙戈萨国家公园。

Photo courtesy of Jorge Ribeiro Lume.

戈龙戈萨已经成为富人们猎奇的场所，他们的目标是庞大的狮群、象群以及水牛群。廷利于 1972 年首次对这个占地 4 000 平方公里的国家公园展开了考察。据他估计，这片区域里生活着大约 1.4 万头水牛、5 500 头角马、3 500 头水羚、3 000 头斑马、3 000 头河马以及 2 200 头大象。此外，戈龙戈萨地区约有 500 头狮子。这些数据似乎都印证了《每日新闻》的预言："远见卓识与有效计划将使莫桑比克拥有一片非洲大陆上无与伦比的保护区。"

历时 6 年对戈龙戈萨全境生态系统的研究和考察，廷利针对公园的新边界提出了自己的设想。1977 年，他以此完成了学业，取得了博士学位。

17 年后，作为另外一个戈龙戈萨地区科考队的成员，廷利又回到了这里。在 40 天的考察过程当中，他们没有见过一头水牛、角马和河马。据他们推测，园内所剩余水羚不足 129 头、斑马不足 65 头、大象不足 108 头。而曾经是公园象征的非洲雄狮，竟然已经绝迹了。其中一个科学家在他的论文题目中这样写道："从美梦到噩梦。"

这到底是怎么了？

失落的天堂

这一切都源于莫桑比克爆发的内战。1977—1992 年，莫桑比克爆发了近几十年来世界范围内时间最长、最野蛮，也是破坏性最大的战争。这场战争吞噬了 100 万人的性命，数千人入狱，500 万人流离失所。

作为政府的标志之一，戈龙戈萨公园非但未能幸免于难，相反，还成了被攻击的目标。1981 年 12 月，公园管理部门的总部遭到了攻击。到了 1983 年，公园已经不再对外开放，并处于被遗弃且无人管理的状态。从 1983—1992 年，戈龙戈萨地区一直处于严重战乱。开火的双方均肆无忌惮地捕杀野生动物作为其食物来源。甚至在 1992 年停火协议签订之后，捕杀与破坏活动仍然猖獗，因为戈龙戈萨并没有得到有效的保护。

1995 年，欧盟资助了一个项目，其内容是重建戈龙戈萨园区中的一些建筑。一个小而精的队伍被派出对园区进行初步考察，当他们走进昔日的总部时，每个人都被深深地震惊了。整栋房子已被损毁，墙上都是弹孔，仅存的断壁残垣和废弃的车辆上都被涂抹得乱七八糟（如图 10-2 所示）。园区内部充满危险，威胁并不是来自那些已经快绝迹的大型野兽，而是来自随处可见、随时可能爆炸的地雷。

图 10-2　戈龙戈萨废弃的游客中心，摄于 1995 年。
Photo courtesy of Ian Convery.

没有了动物，也没有了设施，就不会有观光客来到这里。戈龙戈萨面临着非常严酷的未来。这种情况持续了数年之后，从万里之外传来了一个消息。一位来自马萨诸塞州剑桥市的美国商人在了解了公园的情况之后提出了一个大胆的假设：也许还有改变戈龙戈萨命运的机会，甚至还有可能让它重现往日的辉煌。

卡尔的善心

2002 年，格雷格·卡尔（Greg Carr）43 岁，他是来自爱达荷州的原住民，也是哈佛大学的毕业生。这一年，他作为一个企业家，开始重新思考人生。他卖掉了运营非常成功的电信公司，转而投身慈善活动。他于 1999 年成立了卡尔基金，旨在关注人权、艺术和环境问题。在哈佛大学，他捐赠了一栋建筑作为人权政策研究中心，与此同时在剑桥地区，他开始运营一个全新的电影公司。但是，卡尔并没有满足，他想做的是一些更加"成熟"的项目，一些可以让他释放精力，运用其商业技能和财富去帮助别人的事情。

一开始，他想到的是非洲大陆面对的一些严峻考验，例如爆发的艾滋病危机。他有一位邻居是莫桑比克驻联合国大使卡洛斯·多斯·桑托斯（Carlos Dos Santos）的朋友。通过他，卡尔取得了与大使见面商谈的机会。

莫桑比克对卡尔来说是一个完全陌生的概念，于是在去纽约与这位大使见面之前，他阅读了与这个国家有关的一切资料。那是世界上最穷的国家之一，那里的人民也过着最疾苦的生活。卡尔告诉大使，他有志为促进经济和人权的发展做一些事情。"到莫桑比克来吧，"多斯·桑托斯这样告诉他，"你想怎么做就怎么做"。大使与总统若阿金·希萨诺（Joaquim Chissano）关系密切，他成为卡尔的引荐人。

2002 年，卡尔第一次来到莫桑比克，便立即折服于这片土地的美丽与广博。莫桑比克拥有 1 600 千米的海岸线，其面积是加利福尼亚州的两倍。这期间，卡尔受到了总统希萨诺的接见，总统热情地邀请他来莫桑比克开展工作。然而，真正的转折点出现在卡尔访问邻国赞比亚期间，那是他第一次踏上非洲草原。

非洲大陆无与伦比的美丽与非洲人民严重的贫困，这两种极端事件的强烈对比，使卡尔内心的想法发生了深刻的变化。此时，他已坚定了伸出援手的决心，只是犹豫着从哪里入手，是该建立急需的学校、医院，还是应该从打井引入可饮用水源这样细小而必需的事情做起？但是他也意识到，即便这里的年轻人可以完成学业，社会上也不会提供充足的就业机会。要想改变莫桑比克的现状，他必须在建设基础设施的同时发展产业，创造就业机会。显而易见，旅游业在莫桑比克最有发展潜能。其他非洲东部与南部的国家都挖掘了非洲草原的旅游资源，吸引了来自世界各地的旅游观光者与动物爱好者，只有莫桑比克寂寞如昔。卡尔知道，内战是这里满目疮痍的原因。虽然当时没有人会选择莫桑比克作为旅游目的地，他却非常清楚，早在 20 世纪 60 年代，旅游业曾经是这个国家的经济支柱，尤其辉煌的是那个名叫戈龙戈萨的地方。

的确，重建旅游业将是最好的切入点。卡尔很清楚，旅游业的支点在于拥有健康美丽的国家公园。而此时的卡尔，无论是对生态学还是自然保护区，都是个一无所知的门外汉。他开始恶补知识，阅读那些关于自然保护区的经典著作，如亨利·梭罗、约翰·缪尔、奥尔多·利奥波德、雷切尔·卡森，以及爱德华·威尔逊等人的作品。

带着对自然保护区的热情，卡尔于 2004 年重返莫桑比克，他将对 6 个国家的公园展开勘查。他邀请到了南非克鲁格国家公园最好的野生动物保护专家马库斯·霍夫梅尔（Markus Hofmeyr）作为顾问。他们在首都马普托租用了一架直升飞机，而他们正式的旅程是从一个叫作林坡坡的省开始的，该省位于莫桑比克与南非的边境线上，毗邻克鲁格国家公园。他们此行的目的地正是戈龙戈萨。

从一开始，卡尔就被这片土地深深地迷住了，那些被厚厚的森林所覆盖的山脉、峡谷、湖泊，以及湖边连绵不绝的湿地。他在园区的游客留言簿上这样写道："戈龙戈萨是个神奇的地方，相信只要被施以援手，这里将成为非洲大陆上最美的风景。"

卡尔终于找到了自己的事业。

2004 年 10 月，他以恢复戈龙戈萨园区的名义向莫桑比克旅游部承诺捐赠 50 万美元，这只是作为先期投资的一小笔钱。2005 年 11 月，他同意在接下来的 30 年内陆续向公园注入 4 000 万美元的资金，用于恢复建设。但这一切并不只是从美国签一张支票那么简单，卡尔真正投身到这项事业中。他亲自来到莫桑比克，与他所有的基金会共同参与管理该项目。

这是一项非常艰巨的任务。当卡尔再次回到戈龙戈萨时，他带来了工程师、旅游开发策划人员、经济顾问以及各类科学家。正当他们准备开始工作时，才发现园区里仍然是一片废墟，几乎没有自来水，他们也只带了一个很小的发电机。卡尔只能睡在皮卡车后面的露天床上。戈龙戈萨的辉煌早已被世人遗忘。当地人甚至这样告诉卡尔："别瞎忙活了，这里啥都没有了。"

2004 年 10 月的最后一周，卡尔通过委托相关机构对戈龙戈萨地区进行考察，目的是要搞清楚这里是否还有野生动物在活动。结果好坏参半。相比起 10 年前战争刚结束时，他们的确看到了更多的水羚、小苇羚，以及黑马羚等。但是，像斑马、角马、大象以及水牛等动物已经在人们的视野里消失了。偌大的区域，他们只在边界处发现了一头水牛，而整个园区只有一头孤独的狮子露了面。

卡尔回到位于剑桥地区的家后，就被严重的疟疾击垮了，病原来自他在非洲的简易临时住所。伴随着剧烈的头疼、反复的高烧，卡尔躺在床上一动也不能动，他恢复得如此艰难，当然也就没有精力再去关心他的事业，他的戈龙戈萨。这种情况一直持续着，直到一位在波士顿地区行医的医生出现，他对治疗这种每年在非洲造成 50 万死亡案例的疾病非常在行。

卡尔的健康状况堪忧，戈龙戈萨也日渐萧瑟。但是，这些加在一起也没能让他的信心动摇半分。这份卡尔亲自参与的，有关戈龙戈萨地区野生动物的考察报告着重提出了一个问题，即改造公园的项目应该以何种方式，从哪里开始。这并不是某一两种捕食动物在生态系统里消失的简单案例，即便在世界范围内归纳，戈龙戈萨遭到破坏的程度也是数一数二的，它的整个顶级食物链都消失了，并且还没有要恢复的迹象。

自下而上

尽管戈龙戈萨以盛产雄狮闻名于世，事实上那也正是游客的主要看点，然而整个重建过程的起始点却是那些并不吸引眼球的大型食草动物，而并不是几乎消失的顶层食物链。食草动物的减少已经深刻地影响了园区的植被系统。缺少了象群对树木的采伐，树林开始扩张；缺少了大型食草动物的摄食，草原上的草甸又高又密，并且在旱季频繁地引发山火。

戈龙戈萨需要动物，这已经是个不争的事实。问题是，卡尔要到哪里去找动物呢？第一份赠礼是来自克鲁格国家公园的 200 头健康的非洲水牛。东南部非洲的水牛种群中仍然有肺结核与布鲁氏菌病的病原在传播，即便在这样的情况下，克鲁格国家公园依然能够采取隔离措施并保证园区中的动物健康，这的确非常了不起。

动物资源是如此珍贵，而且非法狩猎的威胁也成为常态，在哪里投放动物来最大程度地保证其生存与安全，就成了首要的考虑因素。卡尔和霍夫梅尔在林坡坡时曾参观了当地公园建立的一个禁猎区，霍夫梅尔建议卡尔在戈龙戈萨采取相同的策略。他们划出了一块占地 60 平方千米的区域，在其四周竖起篱笆，并派出人力对该区域昼夜巡逻。以建立禁猎区的方式防止狮子和偷猎者对新引入动物造成威胁破坏，这为戈龙戈萨的复兴开了个好头。

2006 年 8 月，第一批 54 头动物来到了戈龙戈萨。多年后，卡尔这样回忆道："这礼物真的太好了。"然而战前，这里的水牛数量曾达到 1.4 万头。卡尔担心如果要重建这种食草动物的种群，在接下来的 10 年内，每周他都需要补充新的动物进入园区。这个过程不仅昂贵，单单从南非到园区 950 多千米的路程，对动物来说就是一个不小的考验（如图 10-3 所示）。

图 10-3 2006 年 8 月，戈龙戈萨国家公园，放生第一批水牛的情景。

Photo by Domingos Muala. Courtesy of the Gorongosa Restoration Project.

没过多久，卡尔就意识到，与进入园区的第一批水牛相比，引入正确的物种与足够的数量要困难得多。在戈龙戈萨曾经生活着斑马的一个亚种，称为平原斑马。与常见斑马相比，平原斑马身上的黑条纹更细，并且遍布全身。该亚种曾经遍布非洲的东南部，现在却只存在于某些动物保护区中。卡尔和他的队伍不想单纯地引入常见斑马而导致平原亚种最终绝迹，他们数年的等待与工作换来了 14 头来自莫桑比克其他省份的平原斑马。2007 年，180 头角马被引入戈龙戈萨禁猎区。2008 年，又从其他公园来了 6 头大象、5 头河马。2013 年，35 头巨羚也加入了这个大家庭。

时至今日，距离戈龙戈萨重建项目启动已经过去了 10 年，那里的动物们都过得怎么样呢？我亲自去做了一番考察。

应有尽有的山谷

在戈龙戈萨园区东南方向约 130 千米远的贝拉机场，飞行员迈克·平戈（Mike Pingo）和他驾驶的直升机热情地迎接了我们。此次来到戈龙戈萨，我们一共 4 人：我和妻子杰米，以及来自霍华德·休斯医学研究所科学教育部的丹尼斯·刘（Dennis Liu）和马克·尼尔森（Mark Nielsen）。莫桑比克道路稀少，仅有的几条在泥沼地区的路况也十分堪忧。经历了 26 个小时的跋涉之后，平戈与他的大红色"五座坐骑"的出现无疑将我们从水深火热之中解救了出来，不仅替我们节省了大量的时间和体力，更提供了从空中俯瞰这片美景的机会。

直升机穿行在广阔的平坦地带，偶尔会掠过凸起的树丛、星点的村落中数得清的茅草屋，或者一小块种着玉米或其他谷物的田地。飞机攀升一点之后，我们闯入了园区。茂盛的植被是戈龙戈萨留给我的第一印象，其厚度远远超过了我的想象。组成密林的有高低错落的棕榈树，站姿妖娆、树皮略显绿色的金鸡纳树，这与随处可见矮小的金合欢树的塞伦盖蒂草原完全不同。紧接着我们看到了尤利马河，它是纵贯园区的几条河流之一。平戈驾驶着飞机沿着蜿蜒曲折的河道前行，直到一些大型鸟类从我们的正下方经过，然后"它们"就在我们的视野中出现了。

首先出场的是尼罗鳄！它们身披黄黑色格子铠甲，遍布每处泥塘浅滩。我曾在澳大利亚北部地区也见过数量可观的鳄鱼，但是其总量与密度都远远不能跟这里相比，任意一处 30 米左右的泥滩上都聚集着 20 条以上的鳄鱼，个别体长甚至超过了 4 米半。看来这个种群已经在戈龙戈萨顺利扎根了。我们的飞机逐渐靠近，并不时轻轻地滑过水面，这些看似麻木的巨物瞬间纷纷抬起了头，对爬行动物爱好者来说，这一幕真的是非常震撼。

我们降落在中心营地附近的一条小小的跑道上，在这个叫作赤滩戈的地方，格雷格·卡尔及与他一起从事戈龙戈萨保护区重建项目的同事们接待了我们，与他们同时出现的还有几只疣猪和狒狒。

"你是想先休息一下，还是先出去兜一圈？"卡尔问我。那时是下午 3 点，再过几个小时太阳就会落山。身体里汹涌上来的肾上腺素掩盖了疲劳感，很快我们就坐进了一辆敞篷卡车里，沿着园区内的一条坑坑洼洼的道路，上下颠簸着出发了。很快，我们就看见了一些在灌木丛里蹦来蹦去的黑斑羚，还有一些明显怕生的侏羚。接着在水坑边上，我们发现了体型较大的水羚，它们的一个明显特征就是位于臀部的白色圆圈。然后我们停下来观察头顶盘旋的鸟类，发现了一只鹰和一只翠鸟。

看似无边的树林和草地终于停止在一块巨大的湿地边缘。我们把车停在路边，从卡车顶部钻了出来，迎接我们的是一幅摄人心魄的连绵画卷。首先映入眼帘的是被茂盛草木覆盖的空地，犹如一块巨大的绿色地毯，散发着宝石色的光芒。一条宽阔的溪流及其数条分支将"地毯"分割开来，水草丰茂的环境吸引了一群群黄嘴鹮、树鸭以及距翅雁，以及植食性的水羚和黑斑羚。目力所及的尽头，靠近地平线附近，是矗立在东非大裂谷西部雄壮的戈龙戈萨山脉。在我们的北面，位于东非大裂谷底部，静静地躺着面积巨大、水清且浅的尤利马湖，正是来自戈龙戈萨山脉的雨水让尤利马湖永不干涸。

"这里没有人，没有电灯，也没有公路，"卡尔说着说着，即将落下去的太阳也将远处山脉的背景涂成漂亮的粉橘色（如图 10-4 所示）。如果说他此行的目的是让我们瞠目结舌、由衷赞叹，他的确很成功。

图 10-4 　格雷格·卡尔，慈善家和酒保。在戈龙戈萨的"河马之家"的一个临时吧
　　　　台上，格雷格正在为大家调酒。这里是一片废弃的水泥建筑，曾用来近
　　　　距离观赏河马栖息的水塘。

Photo by author.

接下来的几天里，我对这里的生态环境有了更深刻的理解。乘坐着直升飞机在空中观察尤利马湖及湿地，可以更容易发现这里的山脉、河流与湖泊、湿地以及野生动物种群之间的重要密切关系。从空中俯瞰可以发现，园区内哺乳动物的大型聚集地都位于湿地范围之内，如河马与羚羊。这是为什么呢？这湿地又是怎么形成的呢？

尤利马湖的面积的确大得惊人，而湿地又在湖的边缘往外扩散了数千米。彼时六月，正值戈龙戈萨地区的旱季。我听说几个月之前，大部分的湿地还被水面覆盖，湖的面积甚至是彼时的数倍。旱季的到来使得湖水后撤，露出了巨大的浅滩湿地，泥潭里富含了新鲜的生物养分，于是成了山谷中的最佳摄食地点。这正是"海碗大杂烩"的由来，而这些食物足够养活周围的野生动物，直至 11 月雨季再次到来。

然而，这一切远远不够。卡尔深知，在戈龙戈萨园区及其生态系统的重建过程中，人类才是最值得关心也最重要的物种。大约有 25 万人生活在戈龙戈萨园区周围，其中大部分人每人每天的生活费不超过 1 美元。从长远的角度看，戈龙戈萨地区的目标是成为一块没有人为痕迹的自然保护区，而不是农场、林场，或者是粮仓。卡尔希望我看到项目组的人是怎样帮助这里的人们，他们期待能够从根本上解决人与自然的问题。对于这一点，卡尔投入了与其对野生动物保护同等的热情。

好消息：71 086！

为了创造工作机会，以及给周围生活的当地人提供服务，项目组在园区内外都投入巨资。园区重建项目本身提供了数百个工作机会，护林及巡逻是其中最重要的工作之一，其目的是减少偷猎，防止过度捕捞、过度采伐、过度农业化以及排除山火爆发的危险。120 多名从附近居民当中遴选出来的武装护林员，他们的工作就是夜以继日地在广袤的树林里巡逻，排除陷阱。这些陷阱虽然简单低级，却是杀死野生动物的幕后黑手。同时，他们也身负责任抓住那些布陷阱的人。这项工作既艰苦又危险，甚至有时护林员们需要介入到野生动物与当地居民的冲突当中，比如在夜里驱逐大象以防止它们毁坏庄稼。

与此同时，旅游业的发展也提供了相当一部分工作机会，并为当地创造了财富。2006 年，作为旅游业恢复项目的一部分，项目组租用了 6 架侦察机为到达戈龙戈萨山区的游客提供向导服务。2007 年，专为游客修建的临时居所在中央营地开始启用，同时对外开放的还有一家漂亮的户外旅馆和户外游泳池。旅游环境改善之后，游客开始重返戈龙戈萨地区。2005 年，来当地旅游的游客数量只有 1 000 人左右，到了 2008 年，这个数字变成了 8 000。2009 年，一项新的协议达成，旅游业 1/5 的年收入将被用于当地的发展建设，而当地政府与人民将决定把钱用到哪里，如建立学校、医疗点，以及消防站等。

莫桑比克本身就不富裕，戈龙戈萨地区更是全国的穷中之穷，这里的人们缺衣少食，更别提接受基础教育与医疗服务的机会。2006 年，园区重建项目组在威努尔建立了一个医疗中心。威努尔与公园南部毗邻，与园区分列蓬圭河的两岸。2009 年，移动医疗计划开始启动，向当地居民提供注射疫苗、孕期以及孕前检查等服务，并教会当地人使用一些简单的疾控工具。例如，为了对付疟疾，项目组向处于园区内缓冲区的 25 万人发放了蚊帐。

2006 年，项目组在威努尔建成了当地史上第一所小学。2010 年，一个社会教育中心在维拉戈龙戈萨城落成，那里为当地孩子开设了一些课程，教他们认识当地的动植物及基本的环境保护知识，同时也有为农民开设的有关可持续农业发展的导向性课程。项目组还派来了农业专家，教当地村民高产高效的农耕方法，以及引入新的适合当地环境的农作物。其间的因果关系还是十分明显的，假如园区外面高产高效的农耕方法和作物可以带来经济效益，将会极大地缓解园区内动植物面临的生存压力。在我们造访教育中心当天，20 多位当地农民正在兴致勃勃地学习如何在戈龙戈萨山脉上种植咖啡。

然而，项目组真正艰巨的任务在于如何保护园区内最不可少的水资源。园区内的水大多来自周围山脉，蒸腾作用将水分从远处运到戈龙戈萨山脉。

山间的热带雨林像巨大的海绵，在雨季不断地吸收储藏水分，然后在漫长的旱季里源源不断地再把水分释放出去。即便在漫长的，甚至越来越热的干旱季节，山中的雨水保证了尤利马湖及园区内的其他河流不会干涸，为周围动植物提供栖息水源。这些水分保证了"海碗大杂烩"里的水源，才使得其食材新鲜、营养丰富。因此，来自山间的雨水，是戈龙戈萨地区生态系统的生命之源。

然而，由于过度采伐及过度种植农作物，如玉米等，山间的热带雨林在急速减少。失去了这些阔叶树，山脉的储水功能大为减弱，水土流失也日益严重。玉米不是适合长期种植的作物，其带来的恶性循环即需要砍伐更多的树木以开辟农田。项目组意识到他们必须采取措施保护热带雨林，防止情况的进一步恶化。为了说服当地农民，他们必须找到其他经济价值更高，且与保护雨林毫不冲突的作物。

他们找到了，这就是树荫下种植咖啡。

项目组在戈龙戈萨山的山坡上搭建了一个大型苗圃，在那里我们看到了4万棵可以随时移植的咖啡植株。种植计划也非常巧妙，这些刚出芽的咖啡和木豆幼苗被栽种在一起。木豆生长速度很快，可以为咖啡幼苗提供林荫，同时作为经济作物为当地农民提供食物和收入。在栽种了2 200棵咖啡之后，每公顷土地上还种植了90棵热带雨林阔叶木，它们长成之后，枝叶将可以覆盖整个苗圃。项目组的长远计划，是希望在大面积恢复热带雨林的同时，为当地发展可靠的咖啡种植产业：既完成了环境保护的使命，又促进了经济发展和人文建设。

然而，事与愿违的是，项目组的宏伟愿景再次受阻。2013—2014年间，莫桑比克国内冲突再次升级，直接导致了园区再次关闭，项目组的成

员也被迫撤离。虽然双方最终签署了一份和平协议，其间的政治分歧却始终
存在。

除此之外，偷猎活动猖獗也是园区面临的一大问题。在戈龙戈萨地区生
活的哺乳动物中，最顶级的捕食者既不是鳄鱼也不是狮子，而是人类。在 9
天中，我曾亲眼目睹了 3 次载着 4～5 名偷猎者的皮卡车将人送到监禁中心的
场景。发生在戈龙戈萨地区的偷猎活动往往只是为了满足口腹之欲。而诸如
发生在东非的捕杀大象的偷猎行为，其目标往往是珍贵的象牙，因而也更有
针对性。保护区的总指挥佩德罗·穆尔古拉（Pedro Muagura）告诉我，正因
为如此，尽管不断有人被捕，偷猎行为仍然无休无止、日日夜夜困扰着野生
动物们。基于这样的现实，我非常急于了解园区内野生动物数量的变化，这
显然不能在地面上准确估算。

一个周六的晚上，我们应邀来到位于停机坪不远处的露天会议室，与众
位科学家及园区的大部分管理人员共同讨论园区内野生动物的现状。从戈龙
戈萨重建项目初创之时起，格雷格就热衷于邀请世界各地的学者去研究当地
的动植物。来自多所高校的研究条纹羚、薮羚、狮子甚至白蚁的生物学家们
都参与了会议。

第一个做报告的是研究非洲野生动物的专家，也是戈龙戈萨地区科学顾
问机构的总监马克·斯塔曼斯（Marc Stalmans）。在上个旱季结束时，他主持
完成了最近一次对园区的空中考察。12 天的考察期当中，斯塔曼斯与他的 5
名组员先后 29 次搭乘迈克·平戈的直升机，进入峡谷，来回考察。他们的目
标是统计所有在空中肉眼可见的大型哺乳动物的数量，共有 19 种食草动物
名列其中。

他们最终得到的数字是：71 086！

这个数字无疑是惊人的，尤其是与2000年左右的情况做对比，当时园区内的大象、河马、角马、水羚、斑马、水牛，貂羚以及狷羚合起来的总数都没超过1 000头。而今天，上述几种物种个体数量的总和已经达到了约4万头，包括536头大象和436头河马。斯塔曼斯的报告表明，对比上一次考察结果，这19个被调查的物种全都出现了显著的增长，而与重建工作开始之前相比，其增长幅度更是惊人。短短7年过后，水羚与黑斑羚的数目分别翻了4倍和2倍。水羚与貂羚的数量已经超越了20世纪六七十年代曾达到的历史最高点。而且，这一切都是发生在偷猎行为不断出现的前提下。

对格雷格来说，如此巨大的转变显然令他兴奋不已。10年之前，游客们在这里开上一整天的车也只能靠运气偶尔看见几只动物；现在情况不同了，大型动物群落随处可见。格雷格感到十分兴奋，因为他终于不需要不断地向园区输送外来动物。同时，他也因此感到如释重负：大自然替他完成了大部分的功课。

"只要付出一点点努力，你就能看到大自然惊人的回报。"而这"一点点努力"来自戈龙戈萨地区护林员们的日夜坚守，是他们保护了野生动物在这里重建家园。

这种惊人的恢复能力正是塞伦盖蒂法则第5条的真实体现（见第7章）。这里发生的一切，正是曾发生在塞伦盖蒂草原上故事的翻版。当种群密度大大低于栖息地的生态环境可以承受的水平时，种群就会出现高速增长（如图7-6所示）。戈龙戈萨的研究人员考察了数个物种，发现它们在过去几年当中每年的增速都保持在20%以上。回想牛瘟过后塞伦盖蒂草原上角马与水牛的暴增，两者非常具有可比性。

事实证明，只要给予充分的保护及食物来源，大多数面临衰退境遇的种群都能快速止损。有说服力的事例包括：19 世纪末期仅余 20 头的北象海豹，如今数量已超过 20 万头；西澳大利亚座头鲸在短短 50 年间数量由不足 300 头增加至 2.6 万余头；而北太平洋海獭经过 20 世纪的休养生息之后，数量从 1 000 只增长至 10 万只；北美短吻鳄更是由濒临灭绝成长为数量 500 万的种群，这仅仅用了 50 年。

尽管最初由外来引入动物是必要的，格雷格从之后发生在戈龙戈萨的事实总结出了一个道理："建立完善规则和制度，比推陈出新更加重要，授人以鱼不如授人以渔。"

路漫漫其修远兮，戈龙戈萨的转变远远没有完成。草量的增长需要得到控制，因而食草动物成了稀缺资源，尤其是水牛。除此之外，食肉动物也应当适时登上它们的舞台。园区内没有土狼和猎豹，狮子仍然是戈龙戈萨地区唯一的大型食肉动物。尽管它们已经从濒临灭绝的边缘被挽救回来，但其种群数量仍然处于历史低点，最近一次的考察得知狮子仅有 63 头。食肉动物的稀缺表明整个生态系统缺乏自上而下的调节，而食草动物的疯狂增长也从另一侧面印证了这一点。这恰恰解释了为何园内多见食草动物，而猫科动物几乎绝迹的现实情况。

科学家们都非常想知道答案的一个问题是：戈龙戈萨地区动物这样疯狂的增长还能持续多久？在塞伦盖蒂，动物增长曲线最终出现了下降趋势（如图 7-6 所示）。种群数量增长的核心限制因素是某地可以提供的维持该地区生命总量所需的水及食物，也被称为生态系统容量。斯塔曼斯估计，在戈龙戈萨，每平方千米的土地可以支持约 8 000 千克的动物生命总量，而在尤利马湖边的湿地里，这个数字可能更高。2014 年的一份报告中有数据显示，当年当地的生态系统容量密度为每平方公里土地上有 5 500 千克食草动物。现在也的确没有迹象表明哪些物种有增速放缓的现象，无论是竞争关系引起的，还是密度制约带来的。

观光客们总是希望看到大型动物，而大型动物的数量也如预期一般一直在增加。然而这些都是表面的繁荣，我们不能因此就去刻意忽略一些能够阐明戈龙戈萨地区生态现状及其重要性的小细节，如园区的生态多样性，同时也是戈龙戈萨独立于世的立足之本。尽管经历了战争和人为的破坏，戈龙戈萨仍然是众多动植物的家园，原因在于它容纳了多种多样的动物栖息地，包括雨林、沙林、水林、东非旱地林区、石灰岩洞、草原及湿地，并被称为非洲大陆上物种最丰富的地区。生物学家们曾经粗略判断，戈龙戈萨地区的动植物种类总量超过了 3.5 万种，光蝙蝠就有 30 多种，鸟类更达到 400种。感谢我们非凡的向导弗雷泽·吉尔（Fraser Gear），在他的帮助下我们观察到了许多物种，甚至包括一些夜间活动的生物，如麝猫、夜猴，几种狐猴，以及我最爱的灵猫，那是一种美丽的带有条状或点状纹饰的猫科动物。

在戈龙戈萨的最后一晚，弗雷泽再次带我们来到尤利马湖边的湿地，最后一次观赏了日落全景之后，我们摸黑返回了营地。我正想着能不能再次看到灵猫，弗雷泽开着车，和平时一样一切并没有不同。我惬意地凝望着南部天空中闪烁的木星与金星，突然弗雷泽停了下来，对着路上的某些痕迹观察了一阵，然后把车缓缓地开进了茂密的草丛。在前一天晚上的追踪过程中他也展现了同样的神奇技能，那时的追踪对象是一只栖息在水洼上的、非常稀有的横斑渔鸮。同样地，这次我们又来到了一处水洼，当他的手电筒照向另一侧的时候，我突然意识到他并不是在追踪猫头鹰。两只雄狮正转过头来望着我们，第三只直直地向我们的敞篷卡车慢悠悠地走过来，然后躺在距离我们 6 米的前方。再仔细地扫视了一圈，我们又发现了第四只、第五只，还有更多的狮子聚集在这个小池塘的周围，一共有 9 只，其中有几只很明显还未成年（如图 10-5 所示）。戈龙戈萨的辉煌，还在延续。

虽然心跳得厉害，我却连大气都不敢出一口。这时，脑海里突然蹦出了几个字：雄伟的戈龙戈萨！

图 10-5　戈龙戈萨的狮群。

Photo by author.

THE
SERENGETI
RULES

遵从生命的法则，共建美好家园

> 拯救能被拯救的，让未来变成可能，这是人们充满激
> 情、甘于奉献的强大动力。
>
> ——阿尔贝·加缪

我们已经认识了一些走在时代前沿的人物，以及他们所发现的重要的自然法则及其参与者。我们也见证了这些知识如何在高级药物研发及环境保护等事业中的应用。现在，让我们用一点点篇幅来祈望一下未来，或者更切题的说法是，什么是我们在未来需要做的。过去的一个世纪当中，人类寿命的长度和质量发生了巨大的变化，本书的开篇中我曾断言，这是基于人们不断增加的对于生命科学领域的了解而发生的。那么，在未来的一个世纪当中，生命科学又会在人类社会生活当中发挥怎样的作用呢？

在医药领域，我非常确定的是我们将会见证更多的奇迹。人们拥有越来越多的经验攻克各式各样的疾病，包括鉴别疾病发生的原因，明晰疾病发生的机理，再精准靶向处理需要被修复或是彻底失灵的组件。人类对于长寿的渴望，会动员全社会的力量来支撑新医药从发现到发明的循环。举例而言，当代人预期的寿命是 80 岁，随之而来的，与衰老发生相关的机理研究和延缓衰老的药物开发领域就变得十分热门，一个经典的例子就是阿尔茨海默病。

然而，实现这些愿望虽然令人向往，让生物学家和整个社会感到最紧迫及最有挑战性的课题，却和我们生存的这颗星球有关。譬如说，环境状况不

断恶化及由此产生的疑问：残破的地球生态系统将如何支撑人类生产生活，更不用提其他物种了。目前我们所处的生态环境中，人类处于超然卓越的地位，是所有生物物种当中最高等的捕食者与消费者。罗伯特·潘恩曾严肃提醒："虽然人类是生态系统中超主导性的存在，但是，如果不遵从自然法则并继续肆意破坏生态环境，人类最终会成为最大的输家。"现在，能够约束我们的就只剩下我们人类自己了。

这的确是个问题。

类似的疑惑与悲观情绪总是与各种挑战同时出现。而敦促我完成这部书稿的动力来源之一，正是希望有机会让世人了解到那些复杂的、长期的甚至是看起来不可能完成的任务，都是如何被人类各个击破的。到今天，我们已经大大减少了心脏病的发病率，面对恶疾白血病也不再束手无策，而这以前都是想也不敢想的事情。还有那些曾经发生在海獭、狼群以及食肉动物身上的故事，那些从门多塔湖、黄石公园以及戈龙戈萨地区获得的经验都充分显示，恢复濒危物种、修复生态环境，甚至让破损的生态系统重生，都不是不能做到的事情。而此时，改变我们前行道路的时刻已经到来。

我们对于生态系统恢复的希望是建立在科学的基础之上的，但是我必须痛心地承认，当代的科学还未昌明如斯。智慧告诉我们如何采取行动及获得成功，任何希望只有经过智慧的洗礼才能变得有力量。而智慧本身，正如列奥纳多·达·芬奇说过的，是经验的孩子。于是，我们不禁要问：就生物学家所希望出现的全球化合作而言，我们是否有先例可以借鉴学习？

我认为，这样的例子是存在的。接下来，我将简明地讲述一场最初看起来毫无可能，但最终取得巨大成功的国际运动案例，也是人类作为一个共同体所完成的最伟大的成就之一。我将以此说明经验如何为前行道路提供希望与智慧。

如何完成"不可能完成的任务"

仅仅在 50 年前，人类还与天花共存，这种病毒每年感染千万人口，并导致至少 200 万人死亡。由于在一段时间内，大规模免疫接种的施行使天花在一些国家彻底绝迹，于是人们开始讨论在世界范围内完全消灭天花病毒的可能性。当时很多人提出了反对意见，理由在于，尽管人们在不断努力试图攻克黄热病及疟疾等疾病，时至今日，却并没有任何一种疾病彻底被根除。

众多的持怀疑论者当中，有一位重要人物名叫马格林诺·坎道（Marcelino Candau），时任世界卫生组织（WHO）的总负责人。他的论调当中也包含了一个事实，即当时世界上还有 59 个国家流行天花。他认为要想让天花停止传播，需对这 59 个国家里的 11 亿人口进行免疫，这其中有些国家甚至不是 WHO 成员国。首先，每年在成百上千的偏远地区寻找并集中 2 亿~ 3 亿人口，这本身就已经很难做到，更别提为所有人提供免疫服务。

马格林诺理论的支持者当中不乏行业翘楚。著名的微生物学者勒内·杜博斯（René Dubos）博士在 1965 年写道："类似这种消灭疾病的工作，我们甚至没有必要讨论其理论存在的瑕疵及技术实现的困难，因为非技术性的社会因素将成为横亘在我们面前的巨大障碍，并最终阻断由理想走向现实的道路。世界范围内消灭疾病的想法，最终只能静静地待在图书馆的书架上，等待着好奇的人来发掘其中包含的所有乌托邦式的理想。"

然而，就在 1966 年，迫于当时苏联政府与美国政府的压力，并经过了 3 天的激烈辩论之后，WHO 勉为其难地批准通过了一笔用于消灭天花病毒，且仅有 240 万美元的特殊预算。心情沮丧的马格林诺断言这个项目的败局已定，为了避免 WHO 背负责任，他这时决定任命一个美国人做该项目的领导者。届时，可以将所有事情推到美国人身上，WHO 即可独善其身。

就这个项目而言，在天花感染仍然流行的国家，最基本的策略是为尽可能多的人接种疫苗。事实上，有 10% ~ 20% 的人群是很难接触到的，包括那些生活在最贫困偏远地区，或者是居无定所的人。然而，仅一年之内发生的一件不可预测的事件，打破了平衡。

项目参与者当中有一个名叫比尔·福奇（Bill Foege）的美国人，他本身是路德教会的传教医生，在尼日利亚工作期间他的身份是美国传染病中心（现疾控中心）的顾问。1966 年 12 月的一天，福奇在他的双向无线电设备上接到了通知，奥格哈省出现了疑似天花感染病例。福奇和他的同事们骑着摩托车来到村里，确诊了该例患者，并为患者的家人及其他村民接种了疫苗。

福奇忧虑的是，范围更广的爆发很可能紧接着席卷而来。由于项目刚刚开始不久，他手上仅有几千支疫苗，而该地区有 10 万人口，疫苗的数量连覆盖整个村子都做不到。

福奇最终想到了一个法子。他反复思考了天花病毒的传播过程，包括传播方式及传染最可能发生在什么情况下。最后，他决定集中对那些可能造成传染的人群进行查访。他用无线电通知 50 千米范围内的传教人员，要求他们派人去每个村子里查看天花的发病情况：只有 4 个村子出现了感染，病毒还没有蔓延到其他地方。

整理了传教人员们传回的消息后，福奇又指出了 3 个病患可能去过的地点。接着，他和他的同事们来到每一个已经出现疫情或是具有潜在疫情可能的村庄，对当地的每个人进行了免疫接种。在这个过程中，由于包围在病毒感染者周围的都是免疫人群，自然就切断了病毒传播的途径，这种策略也因此得名"免疫包围"。福奇说，这是他年轻时做森林消防员学到的一项技能，即为了防止火灾扩散，需要移除火势蔓延道路上的所有燃料。"免疫包围"之所以发挥作用，正是因为它将病毒传播道路上的所有"燃料"都变成了"阻燃物"。

"免疫包围"显然非常有效。虽然疫苗接种人数仅占疫区总人口的15%，疫情的爆发却得到了有效的控制。6个星期之后，已经没有新的病例出现。福奇和他的同事们在整个尼日利亚东部地区复制了这个过程，每一次他们都用比预期少得多的疫苗数量成功地控制了疫情爆发。

然而，相比于在南亚爆发的天花疫情，这次在非洲西部发生的故事只能算得上是个小小的彩排，尤其是在天花病毒仍然猖獗的印度地区。1973年，福奇来到印度，再次加入了消灭天花的队伍。为了控制天花疫情，印度也做出过许多努力，但无一例外都失败了。到最后，疫情范围之广、涉及人数之众，使得印度当局不得不调用了军队来控制局势。大多数疫情发生在人口最为稠密的4个省当中，包括拥有8 800万人口的北方邦和拥有5 600万人口的比哈尔邦。世界卫生组织当即采取行动，在短短10天之内，深入到印度每一个村落，并马上控制疫情发展。而首要任务是募集13万名医疗健康行业的从业者。

福奇和世界卫生组织与印度当局合作，培训了大批的工作人员，然后将他们派遣到20万个村落寻找天花病原，并在其居所周围实施"免疫包围"的策略。在这场大规模的战役打响之前，时任印度总理的英迪拉·甘地发布了动员令，号召民众支持并给予合作。派出去的调查组很快发现疫情传播的范围之广已经超出了他们的预期：在 2 000 个村落中，已经出现了超过 1 万个病例。

到了第二年，感染数量更是疯狂增长。1974 年 4 月，仅比哈尔邦一个邦就发现了超过 4 万例感染。到了 5 月，在气温逼近 49 摄氏度的天气里，救援工作的展开更加困难，工作环境十分恶劣。当时，每天都有上百次爆发和上千例新感染的数据，面对这种情况，一些印度官员开始质疑耗费了无数人力物力的扑灭运动的可行性，而福奇却坚信转折点就快要出现了。虽然疫情数字居高不下，人们仍然在一点一点地夺回阵地，派出的工作组每周都能控制住 800 多起疫情爆发。

事实证明，福奇是对的。转折点在 5 月来临。从 6 月开始，爆发的次数开始逐月降低。到了 1975 年 1 月，爆发的次数降低到了 198 起；2 月降低到了 147 起，并且在该月最后一周之内，只发生了 16 起；到了 3 月初，这个数据继续降至 3 起。印度的最后一例天花感染发生在 1975 年 5 月。这场折磨了整个国家千年的灾难，在仅仅 20 个月的时间里被人为消灭，不能不说是个奇迹。

孟加拉国与埃塞俄比亚是接下来两个与天花作战的国家，由于后者是在国家仍处于内战时开展的，世界卫生组织被派往埃塞俄比亚的工作组甚至被劫持了 9 次。世界上最后一例自然获得的天花发生在 1977 年的索马里。1980 年，世界卫生组织宣布，天花病毒已经被彻底消灭，而天花疫苗也将退出历史舞台。

唐纳德·亨德森（Donald A. Henderson），当年被迫接受这个"不可能完成的任务"并领导了 1966 年那场消灭天花运动的美国人，后来这样说道："这个胜利属于许许多多无私奉献、充满智慧的人们，他们甚至不知道，消灭天花在许多专业人士的眼中，是一项根本不可能完成的任务。"

天花是迄今为止唯一被消灭的人类疾病，然而类似的奇迹仍在发生。
2011 年，另外一种曾经引发饥荒、破坏畜牧业，甚至差点在历史上颠覆文明
的瘟疫也被彻底消灭。牛瘟病毒，不仅仅曾肆虐于塞伦盖蒂草原，古希腊与
罗马帝国也曾遭到它的蹂躏。它同时也是 19 世纪中叶风行欧洲与英格兰的
牛瘟的源头，而最近的一次爆发也威胁到整个非洲与亚洲地区。最后一例牛
瘟在肯尼亚境内被发现。10 年之后，牛瘟病毒被宣布彻底消灭。而人们为了
实现这个目标，付出了数十年的努力。

消灭牛瘟在很多方面与消灭天花的行动有异曲同工之处。最初的尝试都
以失败告终，原因是无法接触到真正的发病体。后来疾病开始大范围流行，
席卷了非洲撒哈拉地区的 18 个国家。这时，人们开始采取新的行动，包括
培训熟悉当地风俗和地理环境、为社区动物健康服务的工作者。之后，这些
工作人员深入各地区考察，并为发病牛群实施免疫。这其中包括很多身处战
乱的国家，如埃塞俄比亚、索马里、苏丹、巴基斯坦和也门。

天花病毒与牛瘟病毒的传染力都非常强，其覆盖范围均可达数个国家，
许多病例都发生在偏远的缺医少药的地区，这些地区大多还在经历政治文化
的冲突。在行动的具体实施过程中，除了要仔细考虑逻辑上的可行性，具体
到事件上常常还需要采取非常行为，例如，如何做到检疫隔离、如何隔离发
生疫情的村舍以及处理被感染的动物等。什么是成功的条件？从中我们是否
能够吸取经验改进策略，使其更符合生态学意义上可持续运用的标准呢？

八条宝贵经验

2011 年，比尔·福奇出版了一本书，是他关于消灭天花运动的回忆实录。
他总结了 18 条他认为可以扩展到其他公共医疗健康事业上的经验。令我没有

想到的是，这些宝贵经验在解决公共问题方面能够发挥如此巨大的作用。在这里，我节选了其中我认为的精华部分，我将深入阐述并举例说明其与我们期望达到的具有生态意义的目标之间的密切联系。

全球化合作是未来的方向。福奇指出，全球化事务通常意味着共同承担风险，如冷战时期的核威胁及艾滋病流行带来的恐慌，还包括共同目标的设定等。目前人类面临的生态问题也属于全球化风险。

天花病毒的灭绝并不是偶然的。福奇做了如下阐述："这个世界遵循因果逻辑关系，天花病毒之所以能够被消灭，是人们有目的地制订并执行计划的结果。人类可以选择生活在一个没有瘟疫，没有暴政，没有冲突以及有健康保障的世界里。有了可行的计划及专注的计划执行者，我们可以创造一个更加美好的未来。消灭天花是一个明确的启示，我们没有必要勉强接受现状。世上无难事，只怕有心人。"

目前人类面临的生态现状，是公共健康与社会福利范畴都需要考虑的问题。人类不能生活在一个水源与空气被污染、湖泊富营养化、海洋资源枯竭以及土地贫瘠的世界里，我们绝对不能让这样的事情发生。

团结就是力量。福奇指出，成功结盟的首要条件在于不倾向任何单方面利益，强调集体主义，确定共同目标的优先地位。任何个人、团队以及公共或是私人组织之间争权夺势的行为，无论是为了权力还是名利，都不应得到支持，我们必须坚定不移地为了实现共同目标而努力。

我希望看到的一种同盟，是整个生物学界同仁能站出来，共同呼吁人们重视生态问题。这就意味着，主流的从事分子生物学研究的生命科学从业者们需要表达他们的态度，与生态学研究人员站在统一阵线上，用他们的社会影响去支持生态学领域的研究和教育工作。

社会意愿无疑是重要的，它必须转变成为政治意愿，并且最终得到表达。"政府对任何项目的支持完全取决于普罗大众的意愿。"这句话出自福奇。几十年来，人们已经积累了丰富的有关如何保护环境与自然资源的经验，一些重要的法律法规也因此制定，数十种物种就此得以复活。

任何科学建议都需要被政治行为填充才能变得完善。科学家们有义务让政治家们了解必要的知识，从而制定出合理的公共政策。同时，为了取得政治保证，科学家们应该积极担任公职，发出自己的声音。

完美的解决方案需要建立在过硬的科学理论基础上，而方案的实施则诉求于有效的管理手段。在资金短缺的情况下，消灭天花行动仍然能够取得成功，要归功于合理地配置人力与资源，在很大程度上这要归功于唐纳德·亨德森。1978 年，在肯尼亚举行的一次会议上，当时的世界卫生组织负责人向亨德森发问："下一个要被消灭的疾病是什么？"亨德森拿过话筒立即说道："下一个目标就是糟糕得不能再糟糕的项目管理。"

总览发生在门多塔湖、黄石公园以及戈龙戈萨地区的生态改善，其背后的身影里出现过威斯康星州政府自然资源管理部门、美国渔业及自然公园管理机构，还有戈龙戈萨项目与莫桑比克国家公园的联合项目领导组。从鱼类与野生动物面临的灭顶之灾，到水体质量严重下降等诸如此类的问题应该诉诸的对象都是管理的失败，而非知识的匮乏。

国际化目标，区域化管理。当地的文化与需求决定了在天花消灭运动中什么才是最有效的策略。同样地，就保护与恢复自然生态而言，全球化的努力意味着无数地方主动行为的集合。

例如，在印度尼西亚，人们了解了对水稻使用杀虫剂的危害之后，就展开了规模宏大的行动，包括建立农民技校，为超过 100 万的农民教授防治病虫害的知识，让天然捕食者去控制褐飞虱的数量。同时，政府也针对多种杀虫剂做出了限制。

乐观。福奇说："作为一个乐观主义者，人们经常会误会认为我对时局认识不清，这是无法改变的。悲观主义不是不能存在，但是你没有必要为其买单。"

格雷格·卡尔在被问及座右铭的问题时这样回答道："选择乐观主义是因为这种选择是一个自我实现的预言。"

文明发展程度的度量是人与人之间的相处之道。福奇曾指出天花消灭的过程也是一个"文明化过程"，不仅因为它解决了眼前的问题，也间接地保护了子孙后代。

应对挑战的三大原则

除了以上这些充满智慧的经验总结，针对我们面对的生态环境问题带来的挑战，我还要指出三点。首先，解决问题的过程都有先后顺序。天花和牛瘟病毒的消灭过程在不同国家里并不是同时开展的。而在 26 个狮子已经灭绝的国家中，戈龙戈萨仅仅是一片大陆上一个国家里的一个公园而已。任何形式的进展都是不可忽视的，我们不能因为一时缺乏全球规模的行动就感到沮丧，更不能让项目因此而中断。

这也引出了我的第二个观点：面临重大挑战时，我们没有必要等待全球化行动的号角吹响再行动。世界卫生组织曾经强烈反对全面消灭天花，联合国儿童基金甚至拒绝出资支持该项目。在那样的情况下，如果选择坐等全球化统一行动，天花的消灭将推迟很多年，甚至不能实现。

最后一点，个人选择关系重大。与大多数普通人不同的是，无论是格雷格·卡尔还是世界卫生组织的负责人，他们手中握有的资源与权力让他们的个人选择显得十分引人注目。除去这一点，每个人都有权决定以什么形式做出自己的贡献。这里，我要讲述最后一个故事。

1977 年 10 月 12 日，两个身患天花的十分严重的孩子被送到了索马里位于梅尔卡的一家医院。此地靠近索马里的首都摩加迪沙，而这两个孩子也将被送往隔离区。医院里有一位好心的厨师，他的名字叫阿里·马奥·马林（Ali Maow Maalin），当年才 23 岁。他自愿成为司机的向导，然后爬进车厢尾部，陪着两个孩子度过了那段短短的旅程。

两周后，马林出现了高烧和红疹，起初他被诊断为出了水痘。而在被最终确诊为天花感染之前，马林一直在医院里到处转悠。紧接着，医院的所有工作人员都接受了天花病毒疫苗的注射，轮到马林的时候，他吓坏了。"可能是打针太疼了。"他后来这么解释道。

马林感染的情况被上报到了世界卫生组织，紧接着在索马里全境工作的流行病学专家们响应号召共同努力控制疾病传播。医院停止接收新的病人，已有病人全部进入检疫隔离状态，并受到 24 小时全天看护。与马林接触过的所有人都被找了出来，并被严格的监视。马林家里的每一个人及在马林屋外的看守人员也全部都接受了疫苗接种。出入境也设立了关卡，想进入或离开梅尔卡都被阻止、检查，并接受免疫。

努力没有白费。索马里没有出现新的病情，其他地方也没有。阿里·马奥·马林是世界上感染天花病毒的最后一人。

　　31年过后，经历了另外一场声势浩大的消灭疾病运动，在 1 万多名志愿者及健康工作者的共同努力下，索马里宣布消灭了脊髓灰质炎。其中有一位工作人员，作为世界卫生组织的社区联络员，他常年在这个国家奔波，劝说父母为他们的孩子接种脊髓灰质炎疫苗。他的名字是阿里·马奥·马林。马林说："我告诉他们，我是世界上最后一例天花病患者，索马里是世界上最后一个消灭天花的国家。我努力工作，只是因为不想索马里再次成为最后一个消灭脊髓灰质炎的国家。"

未来，属于终身学习者

我这辈子遇到的聪明人（来自各行各业的聪明人）没有不每天阅读的——没有，一个都没有。巴菲特读书之多，我读书之多，可能会让你感到吃惊。孩子们都笑话我。他们觉得我是一本长了两条腿的书。

——查理·芒格

互联网改变了信息连接的方式；指数型技术在迅速颠覆着现有的商业世界；人工智能已经开始抢占人类的工作岗位……

未来，到底需要什么样的人才？

改变命运唯一的策略是你要变成终身学习者。未来世界将不再需要单一的技能型人才，而是需要具备完善的知识结构、极强逻辑思考力和高感知力的复合型人才。优秀的人往往通过阅读建立足够强大的抽象思维能力，获得异于众人的思考和整合能力。未来，将属于终身学习者！而阅读必定和终身学习形影不离。

很多人读书，追求的是干货，寻求的是立刻行之有效的解决方案。其实这是一种留在舒适区的阅读方法。在这个充满不确定性的年代，答案不会简单地出现在书里，因为生活根本就没有标准确切的答案，你也不能期望过去的经验能解决未来的问题。

而真正的阅读，应该在书中与智者同行思考，借他们的视角看到世界的多元性，提出比答案更重要的好问题，在不确定的时代中领先起跑。

湛庐阅读App：与最聪明的人共同进化

有人常常把成本支出的焦点放在书价上，把读完一本书当作阅读的终结。其实不然。

时间是读者付出的最大阅读成本

怎么读是读者面临的最大阅读障碍

"读书破万卷"不仅仅在"万"，更重要的是在"破"！

现在，我们构建了全新的"湛庐阅读"App。它将成为你"破万卷"的新居所。在这里：

● 不用考虑读什么，你可以便捷找到纸书、电子书、有声书和各种声音产品；

● 你可以学会怎么读，你将发现集泛读、通读、精读于一体的阅读解决方案；

● 你会与作者、译者、专家、推荐人和阅读教练相遇，他们是优质思想的发源地；

● 你会与优秀的读者和终身学习者为伍，他们对阅读和学习有着持久的热情和源源不绝的内驱力。

从单一到复合，从知道到精通，从理解到创造，湛庐希望建立一个"与最聪明的人共同进化"的社区，成为人类先进思想交汇的聚集地，与你共同迎接未来。

与此同时，我们希望能够重新定义你的学习场景，让你随时随地收获有内容、有价值的思想，通过阅读实现终身学习。这是我们的使命和价值。

本书阅读资料包

给你便捷、高效、全面的阅读体验

本书参考资料
湛庐独家策划

☑ **参考文献**
为了环保、节约纸张，部分图书的参考文献以电子版方式提供

☑ **主题书单**
编辑精心推荐的延伸阅读书单，助你开启主题式阅读

☑ **图片资料**
提供部分图片的高清彩色原版大图，方便保存和分享

相关阅读服务
终身学习者必备

☑ **电子书**
便捷、高效，方便检索，易于携带，随时更新

☑ **有声书**
保护视力，随时随地，有温度、有情感地听本书

☑ **精读班**
2~4周，最懂这本书的人带你读完、读懂、读透这本好书

☑ **课　程**
课程权威专家给你开书单，带你快速浏览一个领域的知识概貌

☑ **讲　书**
30分钟，大咖给你讲本书，让你挑书不费劲

湛庐编辑为你独家呈现
助你更好获得书里和书外的思想和智慧，请扫码查收！

（阅读资料包的内容因书而异，最终以湛庐阅读App页面为准）

湛庐阅读 App

思想者的
声音图书馆

倡导亲自阅读

不逐高效, 提倡大家亲自阅读, 通过独立思考领悟一本书的妙趣, 把思想变为己有。

阅读体验一站满足

不只是提供纸质书、电子书、有声书, 更为读者打造了满足泛读、通读、精读需求的全方位阅读服务产品 —— 讲书、课程、精读班等。

以阅读之名汇聪明人之力

第一类是作者, 他们是思想的发源地; 第二类是译者、专家、推荐人和教练, 他们是思想的代言人和诠释者; 第三类是读者和学习者, 他们对阅读和学习有着持久的热情和源源不绝的内驱力。

CHEERS

以一本书为核心

遇见书里书外，更大的世界

有声书

随时随地，有温度、有感情地听本书

精读

2~4周，带你读完、读懂、读透一本好书

讲书

30分钟
大咖给你讲本书
让你挑书不费劲

课程

权威专家带你快速浏览
一个领域的知识概貌

纸质书

湛庐纸书一站购买
还有读者专享福利

电子书

最新最全的湛庐电子书
随时随地亲自阅读

延伸阅读

编辑精心制作的内容拓展
测试、视频、注释、参考文献
只为优化你的体验

专题

主题式阅读书单
让你与更多好书相遇

图书在版编目（CIP）数据

生命的法则 /（美）肖恩·B·卡罗尔著；贾晶晶译 . —— 杭州：浙江教育出版社，2018.6（2023.12重印）

ISBN 978-7-5536-7387-5

Ⅰ.①生… Ⅱ.①肖… ②贾… Ⅲ.①环境生物学—普及读物 Ⅳ.① X17-49

中国版本图书馆 CIP 数据核字（2018）第 123244 号

浙江省版权局
著作权合同登记号
图字：11-2018-325

上架指导：生命科学 / 科普读物

生命的法则
SHENGMING DE FAZE

［美］肖恩·B·卡罗尔　著

贾晶晶　译

责任编辑：赵清刚

美术编辑：韩　波

封面设计：白马时光工作室

责任校对：马立改

责任印务：时小娟

出版发行：浙江教育出版社（杭州市天目山路40号　邮编：310013）

电话：（0571）85170300-80928

印　　刷：河北鹏润印刷有限公司

开　　本：720mm ×965mm　1/16　　　**成品尺寸：**170mm ×230mm

印　　张：18.25　　　　　　　　　　　**字　　数：**220千字

插　　页：3　　　　　　　　　　　　　**版　　次：**2018年6月第1版

印　　次：2023年12月第7次印刷　　　　**书　　号：**ISBN 978-7-5536-7387-5

定　　价：69.90元

如发现印装质量问题，影响阅读，请电话联系调换。